Streitkräfte und Konflikte im 21. Jahrhundert – Eine Einführung

MICHAEL STEHR

UNBEMANNTE SYSTEME UND CYBER-OPERATIONEN

Streitkräfte und Konflikte im 21. Jahrhundert – Eine Einführung

Technologie und Mensch

Auswirkungen auf Streitkräfte, Konflikt und Krise

Völkerrechtliche Fragestellungen

Ethische Fragestellungen

INHALT

4

2. SICHERHEITSPOLITIK UND VERTEIDIGUNG IM ZEITALTER UNBEMANNTER SYSTEME UND CYBER-OPERATIONEN 68

3. VÖLKERRECHT, UNBEMANNTE SYSTEME UND CYBER-OPERATIONEN 98

5. SCHLUSSFOLGERUNGEN UND AUSBLICK 151

VORWORT

Der Themenkomplex unbemannte Systeme und Cyber-Operationen stößt seit einigen Jahren jenseits juristischer und sicherheitspolitischer Fachkreise auf ein wachsendes öffentliches Interesse.

Er ist somit weit mehr als nur akademisch und politisch relevant, und es zeigt sich einmal mehr, dass es bei der Veröffentlichung von Fachliteratur nicht nur um Fakten und fundierte Inhalte, sondern auch um das richtige Timing geht.

In einer Zeit, in der offensichtlich Bewegung in die öffentliche Diskussion über den Einsatz unbemannter Systeme gekommen ist, kann man Autor und Verlag zur Herausgabe des vorliegenden Buches zum jetzigen Zeitpunkt nur beglückwünschen.

Bei der Frage, welche Herausforderungen im zukünftigen sicherheitspolitischen Umfeld bedeutsam sind, wird immer deutlicher, dass unbemannte Systeme eine bedeutende Rolle spielen werden.

Deshalb brauchen wir in Politik und Öffentlichkeit einen engagierten Dialog über dieses Thema. Der erste Schritt dahin ist eine von Sachkenntnis getragene Diskussion über Fakten, Zahlen, Einsatzmöglichkeiten und ethische Fragen.

In diesem Buch wird auf ganz hervorragende Weise mit den vier gewählten Abschnitten „Technologie und Mensch", „Auswirkungen auf Streitkräfte", „Völkerrechtliche Fragestellungen" und „Ethische Fragestellungen" eine gesunde Basis für den notwendigen Gedankenaustausch gelegt.

Ernsthafte Gespräche, die nicht nur nationale Befindlichkeiten, sondern auch die Entwicklungen und unterschiedlichen Interessen in der nordatlantischen Allianz reflektieren, erweitern den Horizont und können für alle Beteiligten gewinnbringend sein. Überscharfe Kritik an militärischen Machtmitteln und spezieller Ausrüstung helfen nicht weiter. Vielmehr geht es darum, Faktoren, Ziele und das Rational militärischer und militärpolitischer Zusammenhänge zu erkennen und für sich zu bewerten. Dazu liefert dieses Buch zu dem Zukunftsthema unbemannte Systeme und Cyber-Operationen einen ausgezeichneten Beitrag. Es verdient eine große Leserschaft.

Hans-Joachim Stricker
Vizeadmiral a.D.
Präsident Deutsches Maritimes Institut

EINLEITUNG

Unsere Wahrnehmungen und Erwartungen zum Thema technologische Systeme, die eigenständig handlungsfähig sind, werden spätestens seit 1984 nachhaltig geprägt von dem berühmten Science-Fiction-Film „Terminator" von James Cameron mit Arnold Schwarzenegger in der Rolle eines brutal agierenden Killerandroiden aus der Zukunft und insbesondere von der dahinter agierenden technischen Intelligenz „Skynet"[1] – und von den Fortsetzungen, deren letzte erst 2019 präsentiert wurde.[2] Eine Vielzahl von Spin-offs und Varianten des Themas tragen zu einer nachhaltigen Verankerung in der Vorstellungswelt der Menschheit bei. Eines haben alle diese Geschichten gemeinsam: Die beinahe unlimitierten Fähigkeiten dieser Maschinen werden nur noch übertroffen von ihrem Willen zur Macht, ihrer grenzenlosen Amoralität und ihrer tödlichen Feindschaft zur Menschheit. Wenn von „autonomen" Systemen die Rede ist, werden die Bilder und die Geschichte des „Terminator" beinahe automatisch mitgedacht.

Das Resultat dieser Prägung der Wahrnehmung ist eine Kakofonie von Warnungen vor gefährlichen Entwicklungen für die Sicherheit von Staaten und Bedrohungen für das Humanitäre Völkerrecht. In der Vorhersage der baldigen Verwendung einer neuen Waffengattung – „Killerroboter" oder „autonome Killerdrohnen" – kulminieren offensichtlich alle Befürchtungen zum Thema kriegerische Auseinandersetzungen.[3] Es wird angenommen, dass diese neuen Waffen vollständige Autonomie haben werden: „Killer Roboter sind selbständig agierende Systeme, die ohne menschliche Kontrolle Ziele identifizieren, selektieren und angreifen können."[4] Diese Entwicklungen würden bedeuten, dass künftig Drohnen „außer Kontrolle" geraten bzw. „ohne menschliche Kontrolle" agieren würden.[5] Selbst seriöse Medien nutzen den Begriff „Killerdrohne" und berufen sich dabei auf offizielle Statements aus dem Militär.[6] Aktivisten in diversen Staaten der westlichen Welt fordern Verbote autonomer Systeme und meinen damit meistens Drohnen, die nach ihrer Wahrnehmung ganz ohne Mitwirkung von Menschen tödliche Waffengewalt ausüben.[7] Forderungen nach einem Verbot etwa von eigenständig operierenden Drohnen werden vehement vertreten,[8] und zuweilen bedient man sich ungeachtet erkennbar enger technologischer Grenzen und logischer Brüche in den hypothetischen Science-Fiction-Plots einer manipulativen Überwältigungsästhetik.[9]

Vielfach wird über eine besonders ausgeprägte und anderen Waffensystemen nicht gegebene Gefährlichkeit von „autonomen Killerdrohnen" gesprochen – verbunden mit der Warnung, solche Systeme könnten leicht außer Kontrolle geraten. Was ist tatsächlich dran an den Befürchtungen? Die wichtigsten Fragen:

- Welche Arten von Systemen mit welchen Eigenschaften und Leistungen existieren bereits, und welche sind künftig denkbar?
- Ist der Terminus „autonome Systeme" überhaupt brauchbar für eine treffende Diskussion des Themas unter technischen, strategischen, taktischen, völkerrechtlichen und ethischen Aspekten?
- Sind Befürchtungen eines Kontrollverlustes durch existierende oder künftig mögliche Technologie gerechtfertigt?
- Wie verändert die technologische Revolution das Handwerk des Soldaten, wie verändert sie Streitkräfte und Gesellschaften? Wie sehen Konflikte im 21. Jahrhundert aus?
- Welche rechtlichen und ethischen Überlegungen folgen aus dem technischen Stand und den Aussichten auf künftige Entwicklungen?

Was ist heute technologische Realität? Drohnen, die ferngesteuert oder eigenständig navigierend um die halbe Welt fliegen, fliegende Minidrohnenschwärme, Panzer und Schiffe ohne Besatzung, automatisch auf Annäherung reagierende Maschinengewehre oder Granatwerfer zur Bewachung von Kasernen, Camps und Hafenanlagen. Diese Systeme werden ferngesteuert und/oder agieren eigenständig auf Basis von programmierten Algorithmen und sind dabei beschränkt auf eingegrenzte Aufgaben. Diese Systeme werden im Rahmen militärischer Operationen von Soldaten gezielt aktiviert und deaktiviert. Sie werden im Folgenden unter dem weitgefassten Sammelbegriff „unbemannte Systeme" geführt.

Zum Verständnis der Verwendung unbemannter Systeme in Streitkräften muss der Horizont geweitet werden auf alle Arten von informationsverarbeitenden Systemen im militärischen Umfeld. Seestreitkräfte verfügen teils seit Jahrzehnten schon über IT-gestützte Führungs- und Waffeneinsatzsysteme mit der Fähigkeit, optional im automatisierten Modus unter Beobachtung durch Soldaten eigenständig eine Vielzahl von Zielen simultan zu bekämpfen. Auf der strategischen Führungsebene unterstützen Systeme aus Sensoren, Informationstechnologie und Kommunikation die Informationsgewinnung und Lagebilderstellung. Der Cyberraum ist Tummelplatz für Spionage- und Schadprogramme, die im Cyberraum und darüber hinaus Schaden anrichten können, dessen Dimension die Wirkung militärischer Waffensysteme erreichen und übertreffen kann – mit Auswirkungen auch auf den Einsatz unbemannter Systeme.

Nach Auffassung des Autors[10] ist es an der Zeit für eine Betrachtung, die den aktuellen Stand systematisch einordnet und darauf basierend untersucht, welche Erwartungen an die Entwicklung von digitalen Systemen in den nächsten Jahrzehnten realistisch sein können. Zudem soll der Versuch unternommen werden, Auswirkungen von aktueller und möglicher Technologie auf Streitkräfte und Konflikte zu skizzieren. Wichtige rechtliche und ethische Aspekte des Einsatzes von digitalisierten Systemen bilden einen weiteren Schwerpunkt der Darstellung, die sich in vier wesentliche Kapitel gliedert.

Im ersten Kapitel wird der aktuelle Stand der Technologie dargelegt und der Versuch unternommen, Entwicklungslinien aufzuzeigen, die helfen sollen, gegenwärtige und denkbare künftige Systeme in ein definitorisches Raster einzuordnen und realistische Erwartungen an mögliche Entwicklungen zu beschreiben. Es geht bei der Betrachtung existierender Technologie nicht nur um Waffensysteme, nicht nur um Kombinationen von Hard- und Software, sondern auch um Systeme, die nur Software sind, aber dennoch aus der virtuellen Zone in die reale Welt hineinwirken. Auch rein zivil genutzte Systeme haben für das Verständnis der Problemstellungen im militärischen Bereich Relevanz, wie sich zeigen wird. Bezug genommen wird auch auf den Cyberraum als weitere Dimension für die Austragung von Konflikten nach Land, See, Luftraum und Weltraum.

Im zweiten Kapitel folgt ein Ausblick auf die tiefgreifenden Veränderungen, die neu aufkommende Technologien im 21. Jahrhundert für Streitkräfte und Soldaten, für Konflikte und Spannungssituationen bewirken werden. In der Betrachtung stehen zwar Waffensysteme im Vordergrund. Der Horizont wird in diesem Kapitel aber geweitet auf den Cyberraum und auf die in diesem mögliche Kriegführung mit zivilen Mitteln sowie auf zentrale steuernde Systeme im militärischen Netzwerk, die künftig nicht allein der Überwachung und Lagebilderstellung zur Führungsunterstützung, sondern der Erarbeitung von Entscheidungs- und Handlungsvorschlägen auf der taktischen sowie der strategischen Führungsebene dienen könnten.

Im dritten Kapitel werden ausgesuchte völkerrechtliche Aspekte diskutiert, die sich an der Frage orientieren, wo für unbemannte Systeme rechtlich differenzierende Regeln gebraucht werden oder wo Weiterentwicklungsbedarf besteht. An der Diskussion des nicht eindeutig geregelten seerechtlichen Status von maritimen unbemannten Systemen, die nicht einem Kriegsschiff zugeordnet sind, wird dargelegt, welches Potenzial für rechtliche Streitigkeiten insbesondere in Spannungssituationen erwachsen kann und dass Weiterentwicklungen diskutiert werden müssen. Sodann geht es um eine Betrachtung des Kampfeinsatzes von unbemannten Systemen in bewaffneten Konflikten unter den wichtigsten Regeln des Humanitären Völkerrechts. Für den Cyberraum existiert kein spezielles Völkerrecht – wesentliche Teile des Konfliktvölkerrechts sind allerdings auf Cyber-Operationen anwendbar. Die wichtigsten Aspekte werden an denkbaren Szenarien erläutert.

Das vierte Kapitel stellt entsprechende ethische Überlegungen an. Der Fokus wird gelegt auf Argumentationen darüber, ob der Einsatz unbemannter Systeme ethisch besser begründbar ist als der Verzicht darauf. Die Betrachtung von Cyber-Operationen unter konfliktethischen Aspekten fördert Ambivalenzen zutage und zeigt, was offensive Cyber-Operationen mit glaubhafter Abschreckung zu tun haben.

Abgeschlossen wird die Darstellung im fünften Kapitel mit Schlussfolgerungen und Ausblick.

Als Quellen wurden mit wenigen Ausnahmen frei im Internet verfügbare Materialien genutzt, alle zitierten Links wurden zuletzt im Juni 2020 geöffnet.

Michael Stehr

1. TECHNOLOGIE – DEFINITIONEN, AKTUELLER STAND, POTENZIALE, RISIKEN UND HERAUSFORDERUNGEN

1.1. Grade der Automation von Systemen: Definitionen

Genügt der Oberbegriff – oder politisch motivierte Kampfbegriff – „autonom" zur Kategorisierung der Vielfalt an Systemen, die bereits existieren oder für die die begründete Möglichkeit besteht, dass sie einmal entwickelt werden? Nein, differenzierende Definitionen sind unverzichtbare Basis dafür, die vielen schon existierenden ebenso wie in der Zukunft denkbaren Erscheinungsformen maschineller Systeme in einem definitorischen Raster zu erfassen und daraus differenzierende Schlüsse über Optionen und Grenzen militärischer Verwendbarkeit, über ihre Auswirkungen auf Sicherheitspolitik und Konflikte sowie über rechtliche oder ethische Anforderungen zu ziehen. Es braucht einmal eine trennscharfe Unterscheidung nach den technischen Eigenschaften von Systemen, genauer ihrem Grad an Eigenständigkeit und Komplexität ihrer Funktion. Ergänzend muss unterschieden werden nach der Art der Interaktion der Systeme mit dem Menschen.

1.1.1. Wirtschaft und Technologie: Definition „Automatisierung"

Schon technische Definitionen aus dem industriellen Bereich zeigen, dass Differenzierung notwendig ist, um die Vielfalt der technischen Optionen zu erfassen. Der Terminus „autonom" kommt hier übrigens gar nicht vor. DIN V 19233[11] definiert „Automatisierung" als „Ausrüsten einer Einrichtung, sodass sie ganz oder teilweise ohne Mitwirkung des Menschen bestimmungsgemäß arbeitet". Damit sind in einer sehr knappen Definition zwei mögliche Arbeitsweisen abgebildet: Aktivität mit Einbindung eines menschlichen Operators und Aktivität ohne einen solchen.

Damit ist jedoch eine Frage noch ausgeblendet, nämlich die Entscheidung, ob ein System überhaupt aktiv wird oder nicht und ob die Aktivität wieder gestoppt werden kann. Die Entscheidung über das Ob einer Aktivität ist im militärischen Bereich die entscheidende – denn es geht um das Ob einer Gewaltanwendung. Dieser Aspekt spielt im militärischen Bereich die entscheidende Rolle und ist für aktuell existierende Systeme und für künftige Entwicklungen ein ganz wesentliches Kriterium.

1.1.2. Militär und Technologie: Definitionen „automatisiert" und „autonom"

Spezifisch für den militärischen Bereich zugeschnitten ist eine Dualität von aus dem Jahr 2017 stammenden Definitionen, die von den Streitkräften des United Kingdom genutzt werden, um die Besonderheiten unbemannter fliegender Systeme zu beschreiben und dabei auch erkennbar zu machen, was aktuelle Systeme nicht können.[12] Im Folgenden werden sie kurz „UK-Definition" genannt. Sie differenzieren in zwei Kategorien, deren erste den aus dem industriellen Bereich vertrauten Terminus „automatisiert" nutzt.

Danach gilt als „automated system":

> „… an automated or automatic system is one that, in response to inputs from one or more sensors, is programmed to logically follow

a predefined set of rules in order to provide an outcome. Knowing the set of rules under which it is operating means that its output is predictable."[13]

Und als „autonomous system":

„An autonomous system is capable of understanding higher-level intent and direction. From this understanding and its perception of its environment, such a system is able to take appropriate action to bring about a desired state. It is capable of deciding a course of action, from a number of alternatives, without depending on human oversight and control, although these may still be present. Although the overall activity of an autonomous unmanned aircraft will be predictable, individual actions may not be."[14]

Das automatisierte System in diesem Sinne
ist ein programmiertes; seine Arbeitsweise basiert auf Algorithmen oder sonstiger logischer Programmierung, seine Arbeitsweise und deren Ergebnisse sind vorhersagbar. Über das Ob und Was der Aktivität entscheidet der Mensch, das System steuert im Rahmen der Programmierung eigenständig allein das Wie seiner Aktivität. Die Abläufe und Ergebnisse sind vorhersagbar. Hier entscheidet der das System einsetzende Mensch über die Auslösung und das Beenden der Aktivität. Der Programmierer hat das Systemverhalten festgelegt, und das System folgt den einprogrammierten Zwängen.

Das autonome System in diesem Sinne
ist in der Lage, mittels einer vorprogrammierten, ergebnisoffenen Arbeitsweise aus einer eigenständigen Verarbeitung einer Vielfalt von Umgebungsvariablen, Regeln und Zielsetzungen Konsequenzen zu ziehen, über das Ob einer Aktivität zu entscheiden, das genaue aus der erkannten Situation heraus anzustrebende Ergebnis zu definieren und die zu dessen Erreichung notwendige Aktivität mittels eines für den Einzelfall festzulegenden Plans durchzuführen – alles ohne menschlichen Eingriff. Das vom System erzeugte Verhalten im Einzelfall ist nicht mehr vorhersagbar, weil das

System aus abstrakten Regeln eigene Schlüsse folgern kann, der Programmierer hat die Grundlagen der Arbeitsweise festgelegt, nicht das Ergebnis.

Damit ist die im militärischen Bereich so wichtige Komponente der Entscheidung über das Ob einer Aktivität, über das Was (das vom System definierte gewünschte Ergebnis) und das Wie (der Weg zum Ergebnis) im Einzelfall in die Definition des autonomen Systems mit einbezogen. Ein derartiges autonomes System führt Entscheidungsprozesse durch, die bisher allein Menschen vorbehalten sind. Die Arbeitsweise eines solchen autonomen Systems ist zwar wie beim automatisierten System technisch definiert, dennoch sind seine Abläufe und Ergebnisse nicht für jeden Einzelfall vorhersagbar.

Warum muss „Entscheidungsfreiheit" über Ob, Was und Wie Maßstab für die Schwelle zur „Autonomie" technischer Systeme sein?

Der Ursprung des Begriffs „Autonomie"[15] liegt im antiken Griechenland und beschreibt eine Eigenschaft des Menschen als Zustand der Selbstbestimmung durch Entscheidungs- bzw. Handlungsfreiheit. Dieser Grundgedanke liegt auch der UK-Definition zugrunde, wenn sie die Erkennung und Verarbeitung von „higher level intent" durch das System voraussetzt. Die nachfolgend in Kapitel 1.2. aufgeführten Systeme und mehr noch die Ausführungen in Kapitel 1.4. über künftig denkbare Systemleistungen werden deutlich machen, dass die Unterscheidung in mindestens zwei wesentliche Kategorien für die Erfassung der vielfältigen existierenden und künftig denkbaren Systeme für das Verständnis der jeweiligen Leistungsfähigkeit der Technologie und die Formulierung differenzierender rechtlicher und ethischer Schlussfolgerungen geboten ist. Die Definitionen müssen eine Abgrenzung autonomer Systeme von automatisierten Systemen zulassen, wenn sie sowohl aktuell als auch über den heutigen Tag hinaus brauchbar sein sollen. Die „Autonomie" der hier verwendeten Definition bleibt weit hinter dem zurück, was „Skynet" in dem Science-

Fiction-Film „Terminator" leistet, denn Skynet agiert nicht nur selbstständig als Kampfsystem, es reproduziert seine technischen Einheiten selbstständig und entwickelt Innovationen – Skynet ist eine vollständige politische Einheit, die wie ein von Menschen gebildeter Staatsapparat agiert. Es wird sich zeigen, dass selbst die kühnsten Vorstellungen über künftig realisierbare Systemleistungen unendlich weit entfernt sind von den Horrorvisionen der Populärkultur.

Die UK-Definition bietet gerade wegen des hohen Anspruchs an die Schwelle zur Autonomie Aussicht auf langfristige Validität. Man kann zum praktischen Gebrauch etwas knapper formulieren:

Definition „automatisiert":
System beherrscht Durchführung von programmierten Abläufen und realisiert bzw. konkretisiert vorprogrammierte Absichten im Einzelfall. Der Mensch als Operator entscheidet immer noch darüber, ob ein System überhaupt aktiviert wird und mit welchem Ziel.

Definition „autonom":
System trifft Entscheidung über das Ob einer konkreten Aktivität unter Einbeziehung von allgemeinen Zielsetzungen, Umgebungsvariablen, Kontext und Regeln, definiert das zu erstrebende Ergebnis (Was) und den Weg dorthin (Wie) im Einzelfall und steuert die Durchführung der Mission. Alle Schritte erfolgen ohne Eingriff eines Menschen.

Es verbleibt indes ein kritikwürdiger Aspekt in der UK-Definition für das autonome System. Autonomie bedeutet begrifflich Entscheidungs- und Handlungsfreiheit – und damit Freiheit von Eingriff und Korrektur von außen. In der UK-Definition ist zumindest optional noch eine Kontrolle durch den Menschen vorgesehen, mithin ein Eingreifen in die Systemhandlung: „without depending on human oversight and control, although these may still be present". Ein System, in dessen Arbeit der Mensch eingreifen kann, und sei es auch nur korrigierend während des Arbeitsablaufs, ist aber letztlich nicht frei im Hinblick auf seine Entscheidungen und Handlungen. An der Stelle bedarf es einer Nachbesserung der Definition (siehe Kapitel 1.1.5.). Weitere bereits existierende Kategorien für die Unterscheidung von Arbeitsweisen von Systemen könnten dabei hilfreich sein.

1.1.3. Seefahrt und Technologie: Vier Stufen der „Autonomie" nach IMO

Die International Maritime Organization (IMO) hat im Hinblick auf erste projektierte und bereits fahrende unbemannte Seefahrzeuge vier Stufen der Autonomie identifiziert und bietet damit mehr Unterscheidungsoptionen an.

„The degrees of autonomy identified for the purpose of the scoping exercise are:
- Degree one: Ship with automated processes and decision support: Seafarers are on board to operate and control shipboard systems and functions. Some operations may be automated and at times be unsupervised but with seafarers on board ready to take control.
- Degree two: Remotely controlled ship with seafarers on board: The ship is controlled and operated from another location. Seafarers are available on board to take control and to operate the shipboard systems and functions.
- Degree three: Remotely controlled ship without seafarers on board: The ship is controlled and operated from another location. There are no seafarers on board.
- Degree four: Fully autonomous ship: The operating system of the ship is able to make decisions and determine actions by itself."[16]

Immerhin bietet die IMO vier Stufen zur Differenzierung an, was für den militärischen Bereich nutzbringend zur Differenzierung bei der Betrachtung praktischer, rechtlicher und ethischer Fragen sein könnte. Ihnen ist jedoch die gleiche Schwäche zu eigen wie die der Industriedefinition in Kapitel 1.1.1., nämlich die fehlende Differenzierung danach, ob das System oder ein Mensch entscheidet, ob das System überhaupt aktiv wird oder nicht und ob die Aktivität wieder gestoppt wird – unausgesprochen liegt den vier Graden ein Faktum zugrunde, nämlich die Tatsache, dass jede Tätigkeit maritimer Systeme stets durch Menschen ausgelöst wird. Damit wäre die für den militärischen Bereich entscheidende Differenzierung nach den IMO-Definitionen nicht möglich.

Für den militärischen Bereich sind die vier Grade indes auch nicht gemacht, sie dienen speziell der Differenzierung in der zivilen Seefahrt. Allerdings erfassen die vier Grade nicht alle in der zivilen Seefahrt aktuell existierenden und künftig denkbaren Varianten, wie die nachfolgenden zwei Überlegungen zeigen.

Die vier Grade der „Autonomie" der IMO beschreiben Systeme, die ganz überwiegend klar unter den Oberbegriff der „Automatisierung" fallen. Erst ein theoretisch in der Zukunft denkbares mit künstlicher Intelligenz arbeitendes System, das unter Grad vier der IMO fällt und sich selbstständig aktivieren kann, etwa eine Seenotrettungseinheit, wäre als autonom zu beschreiben. Im Grad vier müsste entsprechend differenziert werden und ein Grad fünf wäre einzuführen wie folgt:

- Modified Degree four – partly autonomous ship: The operating system of the ship is able to make decisions and determine actions by itself.
- New Degree five – fully autonomous ship: The operating system of the ship is able to decide when to plan, begin and stop activity and make decisions and determine actions within activity by itself. Human intervention is excluded.

Ein konkreter Fall zeigt weiterhin, dass die vier Ebenen zur Unterscheidung der Automatisierungs- oder Autonomiegrade für zivile maritime Systeme nicht ausreichen: die Havarie des Kreuzfahrtschiffes VIKING SKY durch Abschalten der Treibstoffzufuhr im März 2019.[17] VIKING SKY könnte man fast als ein Beispiel für den Grad eins der obigen Differenzierung der IMO ansehen, ein Teilsystem des bemannten Schiffes arbeitet automatisch, doch war dieser Teil der Automatisierung der schiffstechnischen Abläufe nicht dafür eingerichtet, dass die Besatzung des Schiffes die Kontrolle übernimmt. In der konkreten Situation hatte das die fatale Folge, dass bei starkem Seegang in Küstennähe die Treibstoffzufuhr zu den Hauptmaschinen irreversibel abgeschaltet wurde. Es müsste zur Beschreibung des Treibstoffsystems der VIKING SKY ein neuer Grad zwei eingeschoben werden, der ein bemanntes Seefahrzeug beschreibt, das über ein Teilsystem verfügt, das von der Besatzung in keiner denkbaren Situation beeinflusst werden kann.

> New Degree two – ship with automated processes and decision support: Seafarers are on board to operate and control shipboard systems and functions. Some operations are automated and unsupervised with no option to seafarers on board to take control.

Am vernünftigsten wäre es aber, erstens eine IMO-Regel zu schaffen, die die Zulassung solcher nicht beeinflussbaren Systeme ausschließt, und zweitens solche gänzlich unbeeinflussbaren Systeme nicht mehr in Seefahrzeuge einzubauen.

1.1.4. Mensch und Technologie: Stufen der Interaktion von Mensch und System

Ausgegangen wird von der Grundform des militärischen Zirkels aus Beobachten, Einordnen ins Lagebild, Entscheiden über nächste Aktion, Aktion durchführen, wieder Beobachten usw., der sogenannte Boydsche „OODA-Loop".[18] Am vereinfachten abstrakten Beispiel: Der Soldat beobachtet das Gefechtsfeld und sichtet ein gegnerisches Ziel (Observe), ordnet dieses ins Lagebild ein (Orient), entscheidet darüber, ob und wie es bekämpft wird (Decide), bekämpft das Ziel (Act) und beginnt den Kreislauf erneut mit der Beobachtung der Wirkung seiner Aktion.

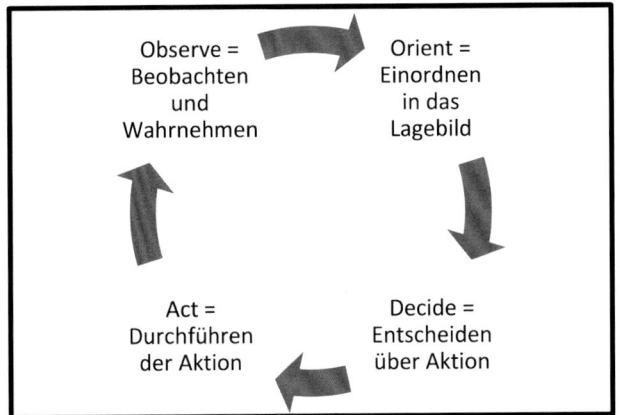

OODA-Loop nach John Boyd

Observe = Beobachten und Wahrnehmen

Orient = Einordnen in das Lagebild

Act = Durchführen der Aktion

Decide = Entscheiden über Aktion

Die Interaktion des Menschen mit Systemen, wie sie in den vorhergehenden Unterkapiteln definiert sind, können in drei wesentliche Kategorien eingeteilt werden.[19] Mit den drei Stufen werden zugleich Grade der Interaktion des Menschen und der Eigenständigkeit der Operationen von automatisierten und autonomen Systemen beschrieben.

Wenn der Mensch in den Entscheidungskreislauf des Systems so eingebunden ist, dass an einem bestimmten Punkt – etwa Einordnung der Beobachtungsergebnisse ins Lagebild oder Entscheidung über das weitere Vorgehen – ohne aktiv mitwirkende Handlung des Menschen oder mindestens Freigabe durch den Menschen keine Fortsetzung der Systemarbeit erfolgt, spricht man vom „Man in the Loop". Das Minimum der Mitwirkung des Menschen ist die Auslösung der weiteren Arbeit des Systems per Knopfdruck, also die Entscheidung über die Frage, ob das System für eine Aktion aktiviert wird. Weitergehende Beteiligung des Menschen ist denkbar, so kann der Prozess des Einordnens ins Lagebild (Orient) mehr oder weniger manuell oder automatisiert stattfinden. Die Rolle des „Man in the Loop" ist skalierbar.

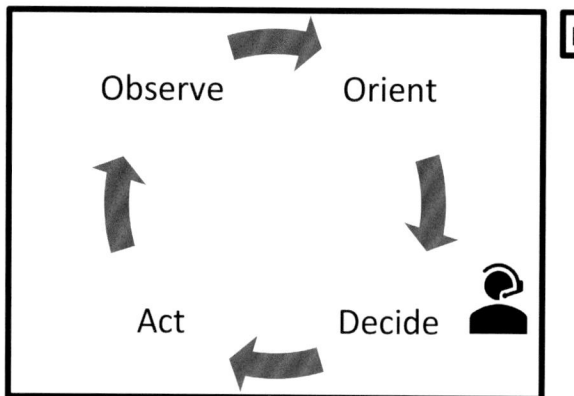

Vom „Man on the Loop" spricht man, wenn der Mensch das System überwacht und jederzeit eingreifen kann. Der Entscheidungskreislauf des Systems läuft grundsätzlich eigenständig ohne Mitwirkung des Menschen ab und befindet sich lediglich unter Beobachtung. Die Optionen des Eingreifens sind je nach Systemart und Erfordernis dann auch wieder skalierbar von der Option des Fernsteuerns bis hin zum Knopfdruck, um die Arbeit des Systems zu stoppen.

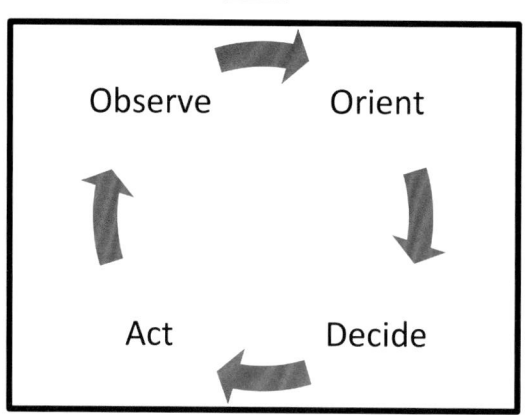

Unter Vorliegen von zwei Bedingungen spricht man vom „Man out of the Loop". Erstens läuft der Entscheidungskreislauf des Systems eigenständig ab, und der Mensch verzichtet freiwillig auf Überwachung, oder es fehlt technisch bedingt oder wegen physikalischer Limitierungen oder praktischer Umstände die Option zum Eingreifen.

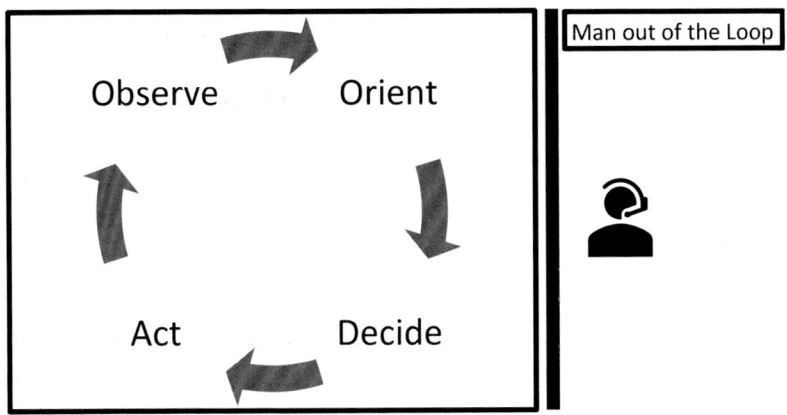

1.1.5. Conclusio: Neue Definition von „autonomen Systemen"

Die Aussicht auf bestmögliche Trennschärfe zur Abgrenzung bietet die UK-Definition aus Kapitel 1.1.2., die zwischen „automatisiert" und „autonom" unterscheidet.

Definition „automatisiert":
System beherrscht technische Durchführung von programmierten Abläufen und realisiert bzw. konkretisiert vorprogrammierte Absichten im Einzelfall. Der Mensch als Operator entscheidet immer noch darüber, ob ein System überhaupt aktiviert wird und mit welchem Ziel.

Definition „autonom":
System trifft Entscheidung über das Ob einer konkreten Aktivität unter Einbeziehung von allgemeinen Zielsetzungen, Umgebungs-

variablen, Kontext und Regeln, definiert das zu erstrebende Ergebnis (Was) und den Weg dorthin (Wie) im Einzelfall und steuert die Durchführung der Mission. Alle Schritte erfolgen ohne Eingriff eines Menschen.

Im Kapitel 1.1.2. ist diskutiert worden, dass die Option der Kontrolle durch den Menschen ein wesentlicher Aspekt ist für die Entscheidung darüber, ob ein System als „autonom" angesehen werden kann. Die Diskussion hat gezeigt, dass die Schwelle zum Zugestehen der Eigenschaft der Autonomie höher angesetzt werden muss als von der UK-Definition. Es bedarf noch einer weiteren Voraussetzung zur vollständigen Autonomie, nämlich der Exklusion des Menschen aus der Systemtätigkeit. Die Formen der Interaktion in Kapitel 1.1.4. offerieren den argumentativen Lösungsweg dazu. In der UK-Definition kann der Mensch optional „on the Loop" sein und gegebenenfalls noch eingreifen. Erst wenn der Mensch während der Systemtätigkeit „out of the Loop" ist, besteht indes echte vollständige Autonomie des Systems.

Daher kann ein System nur dann als „autonom" bezeichnet werden,
- wenn das System „Higher Level Intent and Direction" verarbeitet und
- wenn es eigenständig eine selbstgeplante Handlung beginnt und beendet und
- wenn der Mensch während des gesamten Ablaufs der Aktion des Systems „out of the Loop" ist und keine Möglichkeit zum Eingreifen hat.

Die Beteiligung des Menschen an der Tätigkeit eines derart autonomen Systems endet mit dem Abschluss von dessen Herstellung, der allgemeinen Programmierung und der allgemeinen grundsätzlichen Freigabe seiner Aktivität. Die Autonomie drückt sich aus in der Freiheit des Systems zu Entscheidung und Handlung und im nicht vorhersagbaren konkreten Ergebnis.

1.2. Aktuelle Beispiele für unbemannte und weitere digitalisierte Systeme und deren Einordnung in das Raster der Definitionen

Sind die Definitionen aus Kapitel 1.1.1. bis 1.1.5. geeignet, historische, aktuelle und künftig denkbare Systeme hinreichend trennscharf in ein Raster einzuordnen?

Unter den nachfolgenden 16 Beispielen finden sich auch zwei Führungs- und Waffeneinsatzsysteme, die in bemannte Gesamtsysteme eingefügt sind, zudem einige virtuelle Systeme wie Stuxnet. An ihnen werden in den nachfolgenden Unterkapiteln die Arbeitsweisen digitalisierter Systeme und die besonderen Probleme erläutert, die im Rahmen der Interaktion von Mensch und Maschine auftreten können.

1.2.1. Sechzehn Beispiele für unbemannte und virtuelle Systeme sowie Führungs- und Waffeneinsatzsysteme

Nachfolgend einige Vergleichsobjekte, nicht nur militärische:

1. ZAUNKÖNIG, Torpedo der Kriegsmarine, ab September 1943 im Einsatz:[20] weltweit erster akustisch zielsuchender Torpedo, eingesetzt von U-Booten.

   - Er folgte dem lautesten von seinen Mikrofonen wahrgenommenen Schraubengeräusch bis zum Aufschlag oder Auslösung des Magnetzünders, es brauchte kein präzises Zielen mit der U-Boot-Zieloptik und keine Vorhaltberechnung.
   - War der Zaunkönig einmal in Bewegung gesetzt, war kein Rückholen und kein Stoppen der Mission möglich, deshalb gingen im Rahmen der ersten Verwendungen auch zwei deutsche U-Boote verloren, weil der Torpedo das U-Boot als nahe und lauteste Geräuschquelle wahrnahm.

- Die alliierten Seestreitkräfte verwendeten, nachdem man das Zielsuchprinzip dieses Torpedos durchschaut hatte, Geräuschbojen am Schlepptau und konnten die Waffe damit weitgehend neutralisieren.
- Das „Gehör" des Nachfolgemodells „Geier" war deutlich präziser und ließ sich durch die Geräuschbojen nicht mehr täuschen, die Produktion war jedoch deutlich komplizierter, und die produzierte Anzahl war zu gering, um nachhaltig Wirkung zu erzeugen.

2. AGM-158C LRASM (Long Range Anti Ship Missile) unterschallschneller Seezielflugkörper:[21] konzipiert für die Verwendung gegen schwimmende Einheiten auf größere Entfernungen.

- Initial erfolgt die Zuweisung eines Operationsgebietes, in dem gegnerische Überwassereinheiten detektiert worden sind. Nach dem Start besteht ein Datenlink, die Navigation erfolgt mit GPS. Wenn Datenlink und GPS gestört sind, kann die Waffe den bis zum Ausfall einprogrammierten Daten in das vorher vom Operateur spezifizierte Zielgebiet folgen und in einem vorher festgelegten Areal einen vorher festgelegten Suchkurs fliegen, um dann aus den dort mit den bordeigenen Sensoren gefundenen Kontakten das Zielobjekt oder eines der vorher zugewiesenen Zielobjekte auszuwählen – in dieser Situation ist die einzelne LRASM auf sich gestellt und kann nicht mehr per Datenlink dirigiert oder gestoppt werden.
- Das System ist u.a. die Antwort auf vergrößerte Reichweiten von Waffensystemen potenzieller Gegner zur Seezielbekämpfung und auf erweiterte Möglichkeiten der elektronischen Kampfführung (EloKa).
- Als konsequente Weiterentwicklung des aus den 70er-Jahren stammenden „Harpoon" und Nachfolge der seit den 90er-Jahren gebräuchlichen „Tomahawk" befindet sich diese neue Generation weitreichender Seezielflugkörper seit 2009 in Entwicklung und seit 2018 im Dienst der US Navy. Sie wird von Überwasserschiffen und vom Langstreckenbomber B-1B eingesetzt und hat

2019 die „early operational capability" auch mit der F/A-18 als einsetzende Plattform erreicht.

3. PATRIOT (MIM-104) Missile Long-Range Air-Defence System, Flugabwehrsystem:[22] Konzipiert primär für die Abwehr ballistischer Flugkörper, kann das System auch Flugzeuge bekämpfen und zum Eigenschutz Flugkörper, die gegen das Flugabwehrsystem eingesetzt werden.

- Seit 1976 führt das System den Namen „Patriot", die Entwicklungen begannen schon 1969 und hatten als Zwischenstufe die SAM-D (Surface-to-Air Missile – Development).

- Bei den US-Streitkräften seit 1984 im Einsatz, wurde es während des Ersten Irakkriegs 1990 erstmals in einem größeren Konflikt eingesetzt, um Israel und die an der Operation „Desert Storm" beteiligten Streitkräfte zu schützen. Im Zweiten Irakkrieg kam bereits eine deutlich modernisierte Variante zum Einsatz mit gegenüber 1990 erheblich verbesserten Abschussquoten.

- Das System besteht aus mobilen Komponenten mit Radaranlage, Leitsystem, Kommunikation und Starterbatterie mit jeweils vier Geschossen der Generation PAC-2 oder 16 Geschossen der deutlich kompakteren Generation PAC-3 auf einem Lkw. Das System dient aufgrund der maximalen Reichweite von 70 Kilometern bei einer maximalen Einsatzhöhe von 24 Kilometern dem Schutz von regional begrenzten Gebieten.

- Die Reaktionszeiten bei der Abwehr von Flugkörpern oder Flugzeugen sind kurz, daher gibt es für die das System bedienenden Soldaten zwei Modi: Einmal ist der Operator eingebunden, um nach der automatischen Zielauswahl die Auslösung der einzelnen einzusetzenden Waffe zu autorisieren, im vollautomatischen Modus ist der Operator nur Beobachter, er kann jedoch jederzeit eingreifen. Aus der Kürze der Reaktionszeiten und dem Zusammenspiel von Mensch und System folgten im Zweiten Golfkrieg 2003 wesentliche Schwächen und Fehlleistungen, die in Kapitel 1.2. behandelt werden.

4. HARPY:[23] Anti-Radiation Loitering Munition[24] System, konzipiert zur Bekämpfung von bodengestützten Luftabwehrradarsystemen.

- Harpy wurde der Öffentlichkeit erstmals 1990 vorgestellt. Sie kann von auf Lkws montierten Starteinrichtungen an Land oder von Schiffen aus eingesetzt werden. Von einem Lkw können bis zu zwölf Drohnen gestartet werden. Die Drohne ist ein preiswertes „Expendable" mit großer taktischer Wirkung.

- Harpy fliegt für bis zu neun Stunden ein vorher programmiertes Gebiet ab und hält dabei eine Flughöhe von bis zu 4.500 Metern. Die Drohne bekommt kein konkretes Ziel zugewiesen, sondern stürzt sich eigenständig auf das erste von ihr im Zielgebiet detektierte strahlende Luftabwehrradar und zerstört dieses. So kann schon durch eine Drohne für mehrere Stunden Dauer in einem begrenzten Gebiet die Unterdrückung gegnerischer Luftabwehrradaranlagen oder die Ausschaltung einer solchen Anlage gewährleistet werden. Harpy kann einen Angriff eigenständig kurzfristig abbrechen, wenn die attackierte Radaranlage während des Angriffsvorgangs ihre Strahlung einstellt.

- Harpy ist mittlerweile Teil einer Familie von „Loitering Munition Systems". Weitere Produkte desselben Herstellers sind Harop,[25] eine taktische Drohne, die bis zu sechs Stunden in einem Zielgebiet kreuzen kann, und die deutlich kleinere Mini Harpy,[26] die dies bis zu zwei Stunden schafft. Beiden können im Datenverbund beliebige Bodenziele zugewiesen werden, sie verfügen über eigene Sensoren zur Detektion und zum präzisen Anflug, den sie wie Harpy je nach Lage auch abbrechen können.

5. MQ-9:[27] Aufklärungs- und Kampfdrohne zur Bekämpfung von Bodenzielen mit großer Reichweite, wird ferngesteuert und kann automatisiert starten und landen sowie vorprogrammierte militärische Aufträge automatisiert durchführen unter Beobachtung durch das fernsteuernde Personal.

- MQ-9 ist seit 2007 bei den US-Streitkräften im Einsatz. Es hat die Größe eines kleineren Flugzeugs. In der gebräuchlichsten

Version hat es mit seinem einzelnen Turboprop eine Reisegeschwindigkeit von etwa 200 Knoten, die Ausdauer kann mit zusätzlichem Treibstoff auf rund 30 Stunden ausgedehnt werden. Das Fluggerät erreicht bis zu 15.000 Meter Flughöhe und trägt in der Summe Nutzlasten bis zu 1.700 Kilogramm.

- Das System kann modular je nach Auftrag mit Sensoren und Effektoren ausgestattet werden, eine auf das maritime Umfeld spezialisierte Variante ist als MQ-9 Sea Guardian in Gebrauch.

- Die Basen der US-Streitkräfte mit den Einrichtungen und dem Personal zur globalen Fernsteuerung der Flüge befinden sich in den Bundesstaaten Missouri, Nevada, South Carolina und South Dakota.

- Das System hat sich seit seiner Einführung durchgängig in Einsätzen bewährt, bei denen keine gegnerischen Abwehrfähigkeiten vorhanden sind. Daher sucht das Department of Defense (DoD) künftig wahrscheinlich nach zwei Nachfolgemodellen: einmal ein preiswertes einfaches System auf Basis ziviler Technik und ein neu zu entwickelndes, unbemanntes System, das befähigt werden soll, im Konflikt mit hochgerüsteten Gegnern zu bestehen.[28]

6. BLACK HORNET PRS:[29]

- Das Kontrastprogramm zu großen Drohnen sind Nanosysteme, die als „Personal Reconnaissance System" des Infanteristen Verwendung finden.

- Mit seinen 17 Zentimetern Länge bei 33 Gramm Gewicht bleibt es 25 Minuten in der Luft und kann auch Innenräume aufklären.

7. Unbemannte Helikopter:

- Airbus VSR700:[30] Mit 700 Kilogramm Gesamtgewicht, 150 Kilogramm Zuladung und 10+ Stunden Flugdauer der ideale unbemannte „leichte Bordhubschrauber" für Fregatten mit den Optionen Aufklärung und Wirkung.[31]

- Skeldar V-200:[32] die kleinere Variante mit 235 Kilogramm Gesamtgewicht und 5+ Stunden Flugdauer, geeignet z. B. für Korvetten.

8. FUTURE COMBAT AIR SYSTEM (FCAS):[33] Deutschland, Frankreich und Spanien wollen bis Ende 2021 eine erste Technologiedemonstration für eine Kombination aus einem Kampfflugzeug als Nachfolger des Eurofighter und Drohnen, die als „Wingfighter" des Kampfflugzeugs einen Fähigkeitsverbund für Aufklärung, Führung und Wirkung herstellen sollen. Das System soll ab etwa 2040 von den Streitkräften genutzt werden können.

9. AEGIS COMBAT SYSTEM:[34] integriertes Waffeneinsatzsystem für schwimmende Einheiten.

   · Die Entwicklung des Konzepts begann bereits 1964. Am Anfang stand die Notwendigkeit, ein System aus Sensoren, Rechnern und Effektoren zu entwickeln, das gegnerische Seezielflugkörper abwehren konnte. Das erste Testsystem wurde 1973 auf der USS Norton Sound installiert.

   · Über die Jahrzehnte entstand ein integriertes taktisches System, das Überwassereinheiten zur Bekämpfung aller bekannten Bedrohungen befähigt. Seit 2004 wird ergänzend auf einigen Einheiten der US Navy das Aegis Ballistic Missile Defence System eingeführt, es dient der Abwehr ballistischer Flugkörper (Kurz- und Mittelstreckenwaffen).

   · Mittlerweile ist das System auf Dutzenden Überwassereinheiten der US Navy und verbündeter Seestreitkräfte installiert und umfasst als integriertes Waffeneinsatzsystem den kompletten Prozess von der Detektion bis zum Waffeneinsatz gegen jede Art von Ziel in allen drei Dimensionen. Es kann mehr als 100 Ziele gleichzeitig verfolgen und im Rahmen des vorhandenen Arsenals an Effektoren bekämpfen.

   · Das System ermöglicht den manuellen Betrieb ebenso wie die Autorisierung jedes einzelnen Waffeneinsatzes durch den Operator, kann aber auch im vollautomatischen Modus den gesamten Prozess ohne Mitwirkung, aber unter Beobachtung des Operators durchführen, etwa wenn die Menge der Ziele den Menschen wegen seiner begrenzten Reaktionszeiten überfordert.

10. PROTECTOR[35], SEAGULL[36] und andere USVs (Unmanned Surface Vehicles): unbemannte Kampfboote zur Überwachung von Küstengewässern, Häfen, Reeden und Flüssen.

- Historische Vorläufer sind bemannte Wachboote, die früher zur Sicherung von Häfen, Reeden und Flüssen eingesetzt wurden. Nach dem Anschlag auf der USS COLE im Hafen von Aden im Jahr 2000 begann vielerorts die Entwicklung von kleinen, ferngesteuerten Kampfbooten.
- Die Systeme werden von Land oder von Schiffen aus ferngesteuert, operieren nach Bedarf auch eigenständig und können je nach Ausstattung Überwasserziele, fliegende Objekte, Minen oder U-Boote bekämpfen.
- Ausführung als Festrumpfboot oder Festrumpfschlauchboot (RHIB, Rigid-Hull-inflatable-Boat).
- Die Boote sind neun bis zwölf Meter lang und können alternativ mit verschiedenen Effektoren ausgestattet werden: Maschinengewehr, Maschinenkanone, Minenjagddrohne, ASW-Torpedo usw.
- Den Einsatz kann man sich singulär, aber auch als „Wingman" für bemannte Boote vorstellen, etwa zur Absicherung von Spezialkräften in amphibischen Operationen. Einen Teil der Ausstattung der neuen deutschen Fregatten des Typs F125 mit Kampfbooten könnten künftig auch solche USVs bilden, die zum Schutz der bemannten Boote eingesetzt werden könnten.

11. SEA HUNTER, Anti-Submarine Warfare Continuous Trail Unmanned Vessel (ASW ACTUV):[37] unbemanntes U-Jagd-Schiff.

- Derzeit wohl die weltweit größte Drohne, hat der etwa 40 Meter lange hochseefähige Trimaran eine Wasserverdrängung von nur rund 140 Tonnen, eine Reichweite von rund 10.000 nautische Meilen (NM), soll bis zu 90 Tage auf See bleiben können und kann bei Bedarf bis zu 31 Knoten schnell sein – schneller als moderne konventionelle U-Boote.
- Das System wird ferngesteuert von Land oder von bemannten schwimmenden Einheiten und soll befähigt werden zu begrenzt

eigenständigen Operationen ohne Steuerung durch einen Operator.

- Sea Hunter soll bei der Aufklärung und Jagd von U-Booten eine Fähigkeitslücke zwischen Flugzeugen und Hubschraubern einerseits und bemannten zur U-Jagd ausgerüsteten Überwassereinheiten und U-Booten andererseits schließen und kontert damit die längere Tauchausdauer moderner U-Boote mit außenluftunabhängigem Antrieb. Er kann länger „dranbleiben" als fliegende U-Boot-Jäger und ist im Konflikt anders als bemannte schwimmende oder tauchende Einheiten als „Expendable" zu betrachten, weil die Betriebskosten nur den Bruchteil der Kosten für eine U-Jagd-Fregatte betragen und im Einsatz die eigenen Soldaten kein Risiko eingehen.
- Daneben ist Sea Hunter auch zur Minenbekämpfung vorgesehen.
- Das System ist weltweit das erste erfolgreiche Experiment mit hochseegehenden Kampfschiffen für große Seeausdauer – es stößt die Tür auf zu einem tiefgreifenden Wandlungsprozess nicht nur der US Navy, die in ihrer Streitkräfteplanung mit unbemannten Fahrzeugen ihr Ziel von 355 Einheiten deutlich leichter realisieren kann als mit bemannten Schiffen.[38]
- Unbemannte Schiffe in variablen Größen und mit modularer Ausrüstung für alle denkbaren Einsatzzwecke werden künftig einen erheblichen Anteil an der Gesamtstärke von Seestreitkräften haben.
- Zivile Varianten an zwei Beispielen: Projekte von Kongsberg Marine für Fähren, Frachtschiffe, Feeder und Vermessungseinheiten und ein unbemanntes Offshore Support Vessel[39] und das Mayflower Autonomous Ship von Promare und IBM,[40] das im September 2020 zur Feier des 400. Jahrestags der Atlantiküberquerung der Mayflower ohne Besatzung den Atlantik queren soll.

12. UUV (Unmanned Underwater Vehicle) mit großer Seeausdauer:

- Die Marine der VR China soll in den 2020er-Jahren erste große unbemannte U-Boote mit langer dem Sea Hunter vergleichbarer Seeausdauer erhalten.[41]

- Sie sollen eigenständig im ozeanischen Maßstab operieren können und verschiedene Aufgaben wie Bekämpfung von U-Booten und Überwassereinheiten wahrnehmen, Entscheidungen von gewisser Tragweite, etwa über Angriffe, sollen jedoch bei Soldaten verbleiben.[42]
- Boeing entwickelt ebenfalls autonome UUVs, 2017 war die Echo Voyager mit ihren rund 7.500 Seemeilen Reichweite in einem Test drei Monate unterwegs; die US Navy bestellte 2019 vom Nachfolgemodell Orca fünf Exemplare.[43]
- Russland arbeitet an einem autonom operierenden Torpedo unter dem Namen „Poseidon", Antrieb und Sprengkopf nuklear, operative Reichweite rund 6.200 nautische Meilen, Spitzengeschwindigkeit 60 bis 90 Knoten, der die Vorwarnzeiten für nukleare Attacken auf nahe null verringern könnte.[44] Eingesetzt werden soll diese recht große Waffe von dem rund 30.000 Tonnen großen U-Boot Belgorod[45] und später von der 2020 in Bau befindlichen Chabarowsk.[46] Poseidon kann aufgrund seines nuklearen Antriebs auch die Option monatelangen Lauerns nach Absetzen vom Mutterschiff bieten und wie Harpy als Loitering Munition eingesetzt werden – die Entscheidung über die Auslösung wird aber wohl eher nicht die die Steuerelektronik der Waffe eigenständig treffen. Die großen U-Boote und die Waffe dürften allerdings zumindest bei hohem Tempo gut detektierbar sein.

13. UGV (Unmanned Ground Vehicles):[47] Kettenfahrzeuge verschiedener Größe, ausgestattet z. B. mit Maschinenkanone, Maschinengewehr und/oder Panzerabwehrgranatwerfer bzw. Panzerabwehrflugkörper, hier an russischen Beispielen.

- PLATFORM-M: Das nicht einmal mannshohe Kleinfahrzeug wurde erstmals 2014 öffentlich vorgestellt. Es ist konzipiert für die Bewachung militärischer Anlagen, für die Aufklärung unter erhöhtem Risiko und für den Kampf auf geringe Entfernung, insbesondere im urbanen Umfeld. Seine Standardbewaffnung sind Maschinengewehr und Granatwerfer.

- URP-01G: Das Kettenfahrzeug wiegt rund sieben Tonnen bei etwa 3,5 Meter Länge und zwei Meter Breite und gehört damit in die Kategorie der kleineren gepanzerten Gefechtsfahrzeuge. Es ist ausrüstbar mit Maschinenkanone, Maschinengewehr und optional Raketenwerfer.
- Beide werden im Grundsatz ferngesteuert durch einen Operator und sind befähigt zur automatischen Erkennung und Bekämpfung von Zielen.
- Im Saldo sind beide simple und preiswerte Kampfmittel, die ihrer Größe angemessen Schlagkraft, Tempo und Schutz vereinen und dazu noch den Vorteil bieten, beim Schutz von Anlagen gegen Terrorattacken oder im militärischen Konflikt „ganz vorne" am Gegner Verluste unter den eigenen Soldaten zu vermeiden.
- T-14: Russland plant, schon bald eine Drohnenversion seines Kampfpanzers T-14 in die Streitkräfte zu bringen, die ferngesteuert und eigenständig auf dem Kampffeld agieren können soll.
- Russland hat verkündet, dass schon bis 2025 „30 % aller militärischen Systeme" automatisiert sein sollen.[48]

14. STUXNET:[49] die erste global bekannt gewordene rein virtuelle Waffe, deren reale Zerstörungskraft ganz ohne eigene Hardware auskam.

- Der wahrscheinlich 2007 begonnene Einsatz von mehreren Varianten der Schadsoftware zerstörte in mehreren Wellen zwischen 2008 und 2010 einige der Tausende von Zentrifugen, die im Iran zur Anreicherung von Uran betrieben wurden.
- Stuxnet wurde per USB-Datenträger in die nicht ans Internet angeschlossenen EDV-Steuerungssysteme der iranischen Urananreicherungsanlagen in Natanz eingeschleust. Nicht per Spion, sondern wohl unwillentlich durch Datenübertragungen von Iranern, die ihre Datenträger vorher auch mit Geräten mit Internetzugang verbunden hatten. Über das Internet erfolgte vorher die Infiltrierung von Computern diverser Unternehmen, die geschäftlichen Kontakt zum Iran hatten. Im Fokus späterer Re-

cherchen zur Aufklärung der Vorgänge stand u. a. das iranische Unternehmen Behpajooh mit Sitz in Isfahan in der Nähe der Urananreicherungsanlagen. Das Unternehmen warb auf seiner Website damit, dass es Siemens S7-400 PLCs und Step7 sowie WinCC Software in Kundenanlagen installiert hatte. Da dies genau die Technologie war, die in Natanz in Kombination wohl mit Zentrifugen aus Pakistan benutzt wurde, war Behpajooh wohl das wesentliche Einfallstor.

- Stuxnet hat seine Angriffsfunktion allein gegen eine bestimmte Version einer Software zur Steuerung der Zentrifugen in Natanz ausgeführt, die in der iranischen Anlage Verwendung fand. Es gelang der Software dabei, die Steuerung der Zentrifugen so zu manipulieren, dass diese durch Veränderungen der Rotordrehzahlen beschädigt werden, während dem Überwachungspersonal auf den Bildschirmen normaler Betrieb angezeigt wurde.

- Wenn Stuxnet einmal auf vom Internet getrennte Rechner gelangt war, konnte es von seinen Erfindern nicht mehr zurückgeholt werden, hatte aber eine Begrenzung seiner Wirkmöglichkeiten auf bestimmte Software und von dieser gesteuerten Hardware zur Urananreicherung. Und Stuxnet hatte ein programmiertes „Verfallsdatum" für die endgültige eigenständige Deaktivierung.

- Stuxnet war nur das prominenteste Beispiel für virtuelle Angriffe, schon vorher gab es die bekannten Attacken etwa auf die Netzwerke von Banken und Telefonnetzbetreibern in Estland,[50] später und bis heute Angriffe auf Stromversorger.[51]

15. MAYHEM:[52] Software zur Entdeckung von Sicherheitslücken in der Software des eigenen Rechners und fremder Rechner.

- Die Software konnte 2018 in einem Wettbewerb sechs andere konkurrierende Produkte in der Fähigkeit übertreffen, Sicherheitslücken in der Software auf dem eigenen Rechner und auf fremden Rechnern zu erkennen und wahlweise zu schließen bzw. zu verkleinern oder für Angriffe auf fremde Rechner auszunutzen.

- Die Software braucht keine fertigen Muster für bekannte Sicherheitslücken, sondern entdeckt neue Muster und findet eigenständig Lösungen. Sie agiert ohne aktives Eingreifen der Operateure in einer Geschwindigkeit, die für ein Team von IT-Sicherheitsexperten schlicht unmöglich ist. Sie nutzt dafür aktuell verfügbare Varianten der schon lange bewährten Methode des „Fuzzing" zur Softwareanalyse[53] in Kombination mit der Fähigkeit, aus den einmal entdeckten Sicherheitslücken eigenständig weiter zu lernen.
- „Fuzzing" ist schon seit Langem bewährt, es bereitet das gezielte manuelle Testen von Software vor durch ein fortlaufendes automatisches Konfrontieren mit Zufallsdaten, um Fehlleistungen und Abstürze zu provozieren und mögliche Sicherheitslücken deutlich schneller als in normalen Programmtestläufen aufzudecken. Der Einsatz von Software für das „Fuzzing" ist schon lange unverzichtbar, um vernetzte Systeme gegen Angriffe sicherer zu machen. Mayhem eröffnet eine neue Dimension des Testens dadurch, dass es laufend dazulernt und das Stopfen oder Ausnutzen von Sicherheitslücken selbst übernimmt – also den IT-Sicherheitsexperten die „Handarbeit" im Einzelfall abnimmt und damit den Vorgang exponentiell beschleunigt.
- Mayhem ist nur eines von vielen Softwareprojekten zum Schutz von IT-Infrastrukturen, als Beispiel sei noch CHASE von BAE Systems genannt.[54]

16. ALPHAGO:[55] selbst lernendes neuronales Netzwerk, Software, die seit 2016 das traditionelle chinesische Strategiespiel Go[56] spielt.

- Das Spiel Go zeichnet sich durch wenige und einfache Regeln in Kombination mit komplexen Spielsituationen aus.
- AlphaGo lernt ständig dazu, mittlerweile spielt es Strategien, von denen selbst ausgewiesene Meister des Spiels bekannten, diese Varianten noch nicht gespielt zu haben und von der Software neue bis dato nicht praktizierte Taktiken gelernt zu haben.

Welche von den beispielhaft genannten Systemen sind im Sinne der UK-Definition eher der Kategorie „automatisiert" zuzuordnen, welche eher zu „autonom"? In welche Grade der „Autonomie" der Stufen nach IMO passen die maritimen Systeme? Welche Interaktion mit Menschen findet statt während des Agierens des Systems?

1.2.2. Einordnung in das Raster der Definitionen – „autonome Killerdrohnen" existieren nicht

Systeme wie Patriot sind im Sinne der UK-Definition automatisiert, selbst wenn sie im vollautomatischen Modus betrieben werden, denn ihre Abläufe folgen Algorithmen und realisieren damit allein vorprogrammierte Absichten.

Nach der Industriedefinition ist der Torpedo Zaunkönig klar ein automatisiertes System. Wenn man von umgangssprachlichen Kategorien ausgeht, könnte man ihn schon als „autonom" bezeichnen, denn er spulte sein mechanisch determiniertes Programm ohne Eingriff des Operators ab, sobald er von diesem in Marsch gesetzt war – zudem konnte der Zaunkönig nicht gestoppt werden. Aus den IMO-Definitionen wäre der Grad 4 auf den Zaunkönig anwendbar. Doch die Entscheidung über das Ob des Einsatzes liegt allein beim Menschen, der Zaunkönig ist also schon deshalb nicht autonom im Sinne der UK-Definition. In der Bindung an das vom Hersteller festgelegte Handlungsprogramm liegt eine weitere Beschränkung, die dieses und andere Systeme klar von dem Begriff der Autonomie trennen – der Zaunkönig hatte keine Auswahl unter Handlungsoptionen, er folgte einfach dem lautesten akustischen Signal.

Die fliegenden Systeme LRASM oder Harpy sind einzuordnen in die Kategorie „automatisiert" der UK-Definition. Sie exerzieren vorprogrammierte Optionen durch – sie treffen keine eigenen Entscheidungen, auch wenn sie im Operationsgebiet unabhängig vom Operator ihre Aufgabe erledigen. Anders gewendet: Eigenständiges Operieren genügt nicht für „Autonomie", wenn das System allein seinen mechanischen Zwängen oder Algorithmen folgt, denn es hat keinerlei Entscheidungsfreiheit, sondern realisiert programmierte Absichten im konkreten Einzelfall. Solche Systeme sind als „automatisiert" einzuordnen.

MQ-9 wird ferngesteuert, kann aber auch automatisiert im Sinne der UK-Definition fliegen, wenn es verlangt wird oder eine Notwendigkeit besteht, etwa bei Ausfall der Funkverbindung. Dem System sind spezifische Verhaltensweisen einprogrammiert als „lost-link procedure",[57] z. B. Aufsteigen auf größere Flughöhe, um die Funkverbindung neu zu etablieren, wenn das nicht gelingt, Rückflug zur Basis. Die einprogrammierten Verhaltensoptionen sind konform zu den internationalen Luftfahrtverkehrsregeln und sichern die Kontrolle über die Drohne nach Verbindungsausfall. Das gilt gleichermaßen für fliegende Systeme wie Airbus VSR700, Skeldar V-200, Black Hornet PRS, schwimmende Systeme wie Protector, Seagull und Seahunter sowie Landsysteme wie die vorgestellten russischen Beispiele.

Von einigen Systemen können Kampfaufträge vorprogrammiert automatisiert ausgeführt werden – sofern es sich um programmierbare Aufträge handelt, bei denen keine Adaption des Systems auf geänderte Lagebilder notwendig ist, z. B. Angriff auf nicht mobile Ziele. Die Wingfighter des FCAS ab etwa 2040 werden wegen zunehmender Komplexität und Tempo im Kampfgeschehen ihre Aufgaben noch weitgehender automatisiert erledigen müssen. Der Pilot des bemannten Kampfflugzeugs wird aber am Auslöseknopf als „Man in the Loop" beteiligt sein oder zumindest als Kontrollinstanz „Man on the Loop". Dies wird u. a. auch davon abhängen, wie viele unbemannte Wingfighter einem bemannten Flugzeug zugeordnet werden.

Für schwimmende Kampfsysteme wie Protector, Seagull und Seahunter ist die Einteilung der IMO nicht gemacht, sondern allein im Hinblick auf zivile Seefahrzeuge. Die drei genannten Systeme gehören in den Grad drei nach IMO, solange sie ferngesteuert werden, in den Grad vier „fully autonomous", wenn sie ihre Arbeit aufgrund ihrer Programmierung verrichten. Diese Autonomie ist aber nicht zu verwechseln mit der für militärische Systeme definierten Autonomie, deren Kern gerade die Entscheidung über das Ob eines Einsatzes ausmacht. Der vierte Grad nach IMO deckt sich nicht mit dem Autonomiebegriff für militärische Systeme der UK-Definition. Es ist davon auszugehen, dass die IMO mit ihrer „Autonomie" den Vollzug von vorab programmierten Aufträgen meint, da nicht anzunehmen ist, dass zivile Schiffe eigenständig entscheiden, ob sie überhaupt aktiv werden und welches Ziel sie ansteuern.

Offen ist das angestrebte und realisierbare Maß an Eigenständigkeit von in Entwicklung befindlichen tauchenden Systemen, speziell den von den USA und China projektierten UUVs mit langer Seeausdauer und komplexen Aufgaben wie Aufklärung und Bekämpfung gegnerischer U-Boote. Funkverbindungen zu tauchenden Systemen sind limitiert – Übermittlung von kurzen Befehlen ist allerdings machbar, wie sich in Kapitel 1.4.3. zeigt, etwa Zielzuweisung und Angriffsbefehl. Es läuft also auf möglichst weitgehende Automatisierung hinaus, möglicherweise auf eine Form künstlicher taktischer Intelligenz, wie sie sich bei AlphaGo zeigt.

Ist ein über Monate aktives Schadprogramm wie Stuxnet als „autonom" anzusehen? Denn immerhin operierte Stuxnet in vom Internet abgetrennten IT-Systemen und damit ohne Eingriffsmöglichkeit seines Operators. Schon deshalb nicht, weil es vom Menschen aktiviert wurde, dabei kommt es nicht darauf an, wie viel Zeit es bis zum Zielobjekt braucht. Zudem wurden dem Schadprogramm keine Entscheidungsfreiheiten eingebaut, sondern Algorithmen, die keine Spielräume zugelassen haben – und zugleich eine „Bremse" auf der Zeitschiene, damit eine zeitlich unbegrenzte weitere Tätigkeit von vornherein ausgeschlossen werden konnte. Genügt es für das Prädikat „autonom", wenn es für das System keine Abschaltfunktion gibt, keine Option, durch Eingriff des Operators die Mission abzubrechen? Ganz klar nein, wenn das System einer starren Programmierung folgt und keine Ausbruchsoption aus dem vorprogrammierten Rahmen hat.

Im Saldo ist festzustellen, dass **keines der oben untersuchten Systeme** ein „autonomes" System im oben definierten Sinne ist, das ohne Eingriff eines Menschen unter Verständnis von „higher level intent", also unter Einbeziehung komplexer Situationen und Absichten der Akteure, eigenständig situationsangepasste Aktionen planen und durchführen kann. Möglicherweise befindet sich die technische Entwicklung aber auf dem Weg zu echter technischer Autonomie durch künstliche Intelligenz (KI), neuronale Netzwerke (NN) oder maschinelles Lernen (ML).

Mayhem kann man eine gewisse Entscheidungsfreiheit in dem engen Rahmen seiner Tätigkeiten attestieren, insbesondere weil menschliche Kontrolle angesichts des Tempos und der Fülle an einzelnen Arbeitsvorgängen des Systems nicht mehr möglich ist. Aber echte Entscheidungsfreiheit auf Basis des Verständnisses von „higher level intent" ist bei Mayhem nicht gegeben.

Lediglich AlphaGo kommt in die Nähe des oben definierten Begriffs technischer Autonomie, denn es lernt eigenständig dazu und erfindet kreativ neue taktische Varianten, die so noch kein Mensch vorher gespielt hat. Das System hat Entscheidungsfreiheit für Spielzüge und deren Abfolgen, also hat es begrenzte Autonomie auf dem schmalen Pfad eines einzelnen Spiels. Derartige Softwareprodukte könnten insbesondere durch ihre Lernfähigkeit in Bezug auf komplexe Situationen, Entscheidungsprozesse und anzuwendende Regeln erstmals echte Autonomie für militärische Systeme ermöglichen. Allerdings: Die Fülle der Regeln von Politik, Strategie, Taktik, Recht und Ethik und deren Unschärfe sowie die Menge der Ausnahmen stellen eine gänzlich andere Herausforderung an ein solches System dar als ein Brettspiel. Voraussetzung für solch ein „autonomes" System, das in der komplexen Welt von Politik, Militär und Konflikt agieren soll, wäre eine exponentiell gesteigerte Verarbeitungskapazität der Rechnerhardware, eine unglaublich komplexe Programmierungsleistung sowie eine enorme Lernfähigkeit des Systems, die auch voraussetzen müssten, grundlegende Werte und Maßstäbe und deren Hierarchien auf der Metaebene immer wieder neu zu bewerten.

Warum soll „Entscheidungsfreiheit" über Ob, Was und Wie letztlich Maßstab für die Schwelle zur „Autonomie" sein, obwohl aktuell offensichtlich noch nicht erfüllbar? Keines der oben aufgeführten Systeme entscheidet über das Ob, Was und Wie eines Einsatzes, die Operatoren definieren das konkrete Einsatzziel, und die Programmierung determiniert das Vorgehen. Ein „autonomes" System im Sinne der UK-Definition ist gerade nicht festgelegt auf die Realisierung programmierter Absichten, sondern bekommt abstrakte Entscheidungsgrundlagen und Handlungsmuster einprogrammiert, aus denen es für konkrete Situationen eigene Lösungen entwickeln kann. Aber möglicherweise haben schon in einigen Jahren oder Jahrzehnten Systeme deutlich erweiterte Aktionsoptionen und Entscheidungsfreiheiten über das Ob, Was und Wie einer Aktivität. Es kommt dabei nicht darauf an, ob sich Menschen die Entscheidungen über Ob, Was und Wie im Einzelfall tatsächlich vorbehalten werden. Die Definitionen müssen eine Abgrenzung autonomer Systeme von automatisierten Systemen zulassen, wenn sie über den heutigen Tag hinaus brauchbar sein sollen.

„Autonome Killerdrohnen" existieren nicht. Es erweist sich, dass die in der Einleitung zitierten Wahrnehmungen und die aktuellen technologischen Realitäten, insbesondere unter dem Aspekt der Einbindung von Soldaten in die Arbeitsgänge von Systemen, weit voneinander entfernt sind. Keines der beispielhaft vorgestellten Systeme kommt auch nur in die Nähe einer eigenständigen Entscheidung über die Anwendung letaler Gewalt. Das Verdikt gilt ebenfalls für alle weiteren derzeit weltweit existierenden Systeme.

1.3. Automatisierte und virtuelle Systeme: Pleiten, Pech und Pannen

Systeme realisieren zuverlässig ihre programmierten Abläufe. Die Programmierung aller Systeme hängt vom Können des Menschen ab, bei automatisierten Systemen kommt das Zusammenwirken von System und Mensch im Einsatz als Fehlerquelle hinzu. Einige der vorausgehend aufgelisteten Systeme sind noch im Status von Technikdemonstratoren – und noch lange entfernt von der für die militärische Nutzung erforderliche Zuverlässigkeit. Hinzu kommt das Problem der Fehlleistungen komplex programmierter Systeme. Einige Beispiele für Fehlleistungen von und mit automatisierten Systemen aus der Auflistung in Kapitel 1.2.:

1. PATRIOT im Zweiten Golfkrieg 2003 und Abschuss von Flugzeugen der Koalitionsstreitkräfte:[58]

   - Durch dieses System wurden auch Kampfflugzeuge der gegen den Irak vorgehenden Koalitionsmächte abgeschossen (Patriot Fratricides).
   - Die Untersuchungen offenbarten nicht nur mangelnde Information der Soldaten der Patriot-Batterien über Flugbewegungen der Koalitionsstreitkräfte. Zudem zeigte sich ein im Ergebnis fatales Vertrauen des Bedienpersonals in die vollautomatischen Abläufe, obwohl die angezeigten Bewegungen Zweifel erweckten. Die Soldaten hätten in den dokumentierten Fällen die Funktion ihres Systems stoppen und die Abschüsse verhindern können. Im Zweifel haben sie sich nachvollziehbar für die Sicherheit der eigenen Truppen am Boden und für den Abschuss entschieden.
   - Für die Programmierung des Systems, die Gestaltung des Human Machine Interface, die Ausbildung des Bedienpersonals und dessen Information über Flugbewegungen eigener Einheiten wurden umfänglich Lehren gezogen.

- Die Reaktionszeiten für Eingriffe in den Ablauf des Systems sind indes gerade bei der Flugkörperabwehr extrem knapp. Neue Waffensysteme, insbesondere Hyperschallwaffen, werden zu weiterer Verkürzung der Entscheidungsspielräume beitragen.

2. AEGIS COMBAT SYSTEM, USS Vincennes und Iran Air Flug 655 (1988):[59]

- Ende der 80er-Jahre herrschte ein nicht erklärter Konflikt zwischen dem Iran und den USA. Im Mai 1987 wurde die Fregatte USS Stark durch zwei von einer iranischen F-14 in Marsch gesetzte Seezielflugkörper schwer beschädigt, 37 Besatzungsmitglieder kamen dabei zu Tode.
- Am 3. Juli 1988 befand sich der mit Aegis ausgestattete Kreuzer USS Vincennes im Persischen Golf mitten in einem Scharmützel mit iranischen Schnellbooten, während die Radaranlagen zeitgleich Flugzeugstarts ausgehend von Bandar Abbas anzeigten. Dort befinden sich ein ziviler Flughafen und eine Luftwaffenbasis in unmittelbarer Nähe.
- Aufgestiegen von Bandar Abbas war u. a. ein Airbus mit 290 Passagieren mit Flugziel Dubai. Zeitgleich registrierte die USS Vincennes ein Signal, das als von einer iranischen F-14 stammend angesehen wurde, und detektierte ein iranisches Aufklärungsflugzeug vom Typ P3. Die Soldaten an den Bildschirmen ordneten das Echo des Airbus, der mittlerweile Kurs auf den aktuellen Standort der USS Vincennes genommen hatte als Kampfflugzeug ein. Die automatische Abfrage der Freund-Feind-Kennung brachte kein Ergebnis, da aber durchaus Zweifel bestanden, wurde das Flugzeug gezielt angefragt und nachfolgend mehrfach gewarnt – ohne jede Reaktion.
- Das Lagebild ließ in den wenigen Augenblicken, die dem Kommandanten für eine Entscheidung über den Abschuss blieben, keinen anderen Schluss zu, als dass ein Angriff mit Seezielflugkörpern bevorstand, ausgehend von dem Airbus, den seine Soldaten als Kampfflugzeug wahrnahmen.

- Im Untersuchungsbericht wurden neben den Aspekten des Lagebildes auch der Datenoutput des Aegis-Systems und Kommunikationsflüsse an Bord der USS Vincennes untersucht. Aegis selbst hatte isoliert betrachtet keine Fehler gemacht. Das Problem entstand im Zusammenwirken von Mensch und Maschine, durch die Interpretation und Einordnung der Informationen durch die Soldatin der Leitstelle. Der Untersuchungsbericht kam zu dem Schluss, dass Aegis bei vollautomatischer Funktion den Abschuss möglicherweise nicht autorisiert hätte.

3.   FLASH CRASH, New York Stock Exchange, 6. Mai 2010:[60]

- Mit automatisierten Handelsprogrammen platzieren Börsenhändler Handelswerte zum Kauf – normalerweise. Der mikrosekundenschnelle Börsenhandel öffnete seinerzeit die Tore zur digitalen Manipulation. Die Masche nannte sich Spoofing, die scheinbare Platzierung von Handelswerten für Millisekunden, um andere Börsenteilnehmer ebenfalls zur Platzierung zu provozieren. Den darauffolgenden Kursrückgang nutzte der Spoofer aus – um die Handelswerte nach Normalisierung gewinnbringend zu verkaufen.
- Die Masche des Londoner Händlers Navinder Singh Sarao ging mehrfach gut ohne Auffälligkeiten an den Börsen. Doch am 6. Mai 2010 löste der minutenschnelle Absturz etlicher Hundert Handelswerte einen Handelsstopp aus. Die Ursachen konnten erst in jahrelangen Untersuchungen und nur bedingt geklärt werden.
- Im Kern hat eine nicht legale Variante des in Sekundenbruchteilen durch Algorithmen exerzierten Anbietens und Zurückziehens von Kaufgelegenheiten Kurse nach unten getrieben. Am 6. Mai 2010 einmalig jedoch nicht nur für kurze Zeit, sondern ungewollt fortgesetzt und sehr nachhaltig. Ursache für diese außergewöhnliche Entwicklung war die Interaktion von Saraos Programm mit den Programmen anderer Händler, die Fehler aufwiesen. Zudem herrschte an der Börse erhöhte Nervosität, weil es in Griechenland zu Protesten gegen die Regierung gekommen war.

- Die beteiligten Softwareprogramme haben sich in Mikrosekunden sozusagen duelliert – menschliches Eingreifen in die einzelnen Vorgänge war unmöglich, es half nur noch die Notbremse des automatischen Handelsstopps, bis dahin waren dennoch unvermeidlich Verluste bei etlichen am Börsenhandel Beteiligten zu verbuchen.

4.   KNIGHTMARE ON WALL STREET, 1. August 2012:[61]

   – Das bis dahin erfolgreiche und kapitalstarke Unternehmen Knight Capital ruinierte sich innerhalb von wenigen Minuten komplett mittels einer von ihm eingesetzten neuen und fehlerhaften Handelssoftware.
   - Die Software bot in Mikrosekunden nicht nur bereits gehandelte Posten in großer Zahl neu an, sondern kaufte Handelswerte teurer ein, als sie sie verkaufte. Als Menschen reagierten, war es zu spät. Die Verluste von Knight Capital summierten sich auf über 400 Millionen US-Dollar.

Algorithmen stellen hohe Ansprüche an die sachlich „richtige" Programmierung unter Einbeziehung jeder denkbaren Situation, auf die das System reagieren können muss. Eigentlich erforderlich ist das Testen nicht nur einer Software allein, sondern auch im Zusammenwirken voneinander unabhängig tätiger Programme, wie sich am Flash Crash deutlich zeigt. Das ist jedoch bei Börsensoftware schon wegen des berechtigten Interesses an der Wahrung von Geschäftsgeheimnissen nicht durchsetzbar. Die längst an allen Börsen eingerichtete, schnell reagierende, automatische Notbremse stellt in diesem Umfeld eine ausreichende Sicherung dar, auch wenn sie nicht alle Risiken ausschließen kann. Beim Anleger bleibt das ungute Gefühl, dass man nicht mehr allein abhängig ist von Fähigkeit und Redlichkeit des Börsenhändlers, dem man seine Orders anvertraut, sondern zusätzlichen Gefahren ausgesetzt ist durch potenzielle Softwarefehler oder unglückliche Interaktionen verschiedener Softwareprodukte.

Bei militärischen Anwendungen liegt es in der Natur der Sache, dass eine sorgfältige Vorbereitung der Interaktion der eigenen Systeme geboten ist. Hohe Ansprüche an die Hardware und an die Software sind ohnehin zu stellen im Hinblick auf den Kampf gegen schwer berechenbare Gegner unter Einbeziehung der militärischen Kunst des Tarnens, Tricksens und Täuschens. Vor diesem Hintergrund ist an Einsatz von künstlicher Intelligenz im militärischen Bereich nur unter der Kautel der Aufsicht („Man on the Loop") denkbar. Kreativität und Fehlbarkeit machen einen gänzlich autonomen Gebrauch („Man out of the Loop") aktuell und für absehbare Zeit nur eingeschränkt möglich.

In allen Bereichen des Einsatzes von Informationstechnologie entscheidet die Kommunikation von Mensch und Maschine wesentlich darüber, ob die Ergebnisse der Arbeit der Algorithmen im Einzelfall das gewünschte und richtige Ergebnis herbeiführen (können), wie die oben gezeigten Erfahrungen insbesondere mit Patriot und Aegis zeigen.

1.4. Technologisches Umfeld: Neue Technologien und Cyberraum revolutionieren Sicherheitspolitik und Verteidigung – Erwartungen, Limits, Herausforderungen

1.4.1. Potenzial: Nie dagewesene Vielfalt von existierenden und kommenden Technologien

Wenn man die sich beschleunigende exponentielle Entwicklung der Informationstechnologie in den zurückliegenden Jahrzehnten und die sich aufspreizenden Entwicklungszweige aktueller „Information and Communication Technology" (ICT) betrachtet, wird offensichtlich, dass eine regelrechte Explosion der Fähigkeiten der ICT bevorsteht, die das Mooresche Gesetz deutlich übertreffen wird. Hinzu kommen noch weitere Technologien, die von der ICT profitieren. Die Gesamtheit aller zur ICT gehörenden Gerätschaften und deren weltweite Vernetzung selbst bilden den sogenannten Cyberraum, nach der Definition des Bundesamtes für Sicherheit in der Informationstechnik (BSI):[62]

- Der Cyberraum ist der virtuelle Raum aller weltweit auf Datenebene vernetzten bzw. vernetzbaren informationstechnischen Systeme. Dem Cyberraum liegt als öffentlich zugängliches Verbindungsnetz das Internet zugrunde, das durch beliebige andere Datennetze erweitert werden kann.

Die wachsende Vielfalt disruptiver Technologien[63] wird im Zusammenwirken zum Veränderungsbeschleuniger ohne historisches Vorbild:

- Cyberraum: Netzwerke aus Computern und internetfähigen Sachen ermöglichen Informations- und Entscheidungsüberlegenheit, einige Techniken und Bedingungen sind Bestandteil und Voraussetzung dafür:
  - 5G: fünfte Generation der mobilen Datenübertragung – neue Dimensionen der Datenmengen und des Übertragungstempos.[64]
  - Cloud-Computing: Datenkommunikation ermöglicht Rechenleistungen, die einem einzelnen Computer nicht möglich sind.[65]
  - Internet of Things (IoT): Verbindung sämtlicher Systeme und Geräte, insbesondere Sensoren, zu einem interaktiven Netzwerk, das theoretisch eine lückenlose Überwachung der Erdoberfläche, des Luftraums und aller Meere bis in ihre tiefsten Winkel ermöglichen kann.[66]
  - Distributed Ledger und Blockchain: höhere Datensicherheit durch Verschlüsselung und sowohl verteilte als auch redundante Speicherung.[67]
  - Netzwerke schützen sich selbst gegen Angriffe (vgl. Mayhem): Voraussetzung für Datenübertragung und Cloud-Computing.
- Quantum Sciences beschleunigen alle IT-Technologien durch Sprünge in der Rechenleistung, und sie offerieren deutlich mehr Anwendungen: Kryptografie, Sensorik, noch präzisere Navigation.[68]

- Neuromorphes Computing auf Basis von Memristor-Rechnern bildet menschliche Gedächtnis-, Lern- und Denkstrukturen und -prozesse ab und soll das Tempo des Menschen bei der Erfüllung vielfältiger Aufgaben erreichen und schließlich übertreffen.[69]
- Künstliche Intelligenz (KI) und Deep Learning: Technische Systeme übernehmen spezifische Steuerungs- und Entscheidungsaufgaben vom Menschen und lernen eigenständig dazu – sie werden Teil von Mensch-Maschine-Teams (Beispiel: Future Combat Air System, FCAS, siehe Kapitel 1.2.1., Nr. 8) und bilden Maschinenschwärme.
- Extended Reality – Virtual Reality – Augmented Reality: verschiedene Ausprägungen der Verknüpfung diverser Ebenen der realen Welt mit virtuellen Informationen für Training und Einsatz.[70]
- 3-D-Druck (Additive Manufacturing): Produktion vor Ort und mobil, Ersatz der Versendung produzierter Güter durch Versendung von Bauplänen und Rohstoffen.[71]
- Nanotechnologie: neue Materialien, deren Eigenschaften herkömmliche Materialien wie Metall, Kunststoff oder Textil in jeder Hinsicht übertreffen können.[72]
- Biotechnologie: Biologische Vorgänge werden genutzt, oder biologisch erzeugte Strukturen werden in Technik integriert, weitgestreute Anwendbarkeit von Ernährung über Medizin und Genetik bis hin zur Energieerzeugung.[73]
- Hyperschalltechnologie: Flugkörper, die in einer Stunde 5.000 Kilometer und mehr zurücklegen können.[74]
- Directed Energy Weapons (u. a. Laser): neue Effektoren ohne Munition für den Selbstschutz und für präzise skalierbare (nicht-)letale Wirkung.[75]
- Nukleare Option: Nuklearmächte werden weiterhin regelmäßig neue Generationen von Nuklearwaffensystemen in die Streitkräfte bringen. In der durchdigitalisierten Welt erhält eine alte Option neue Bedeutung: die Auslösung eines „Electromagnetic Pulse" im erdnahen Weltraum zur flächendeckenden Zerstörung von IT-Einrichtungen, um die vernetzte Kriegführung zu unterbinden.[76] Diese Fähigkeiten werden auch kleine Nuklearmächte wie Nordkorea haben.

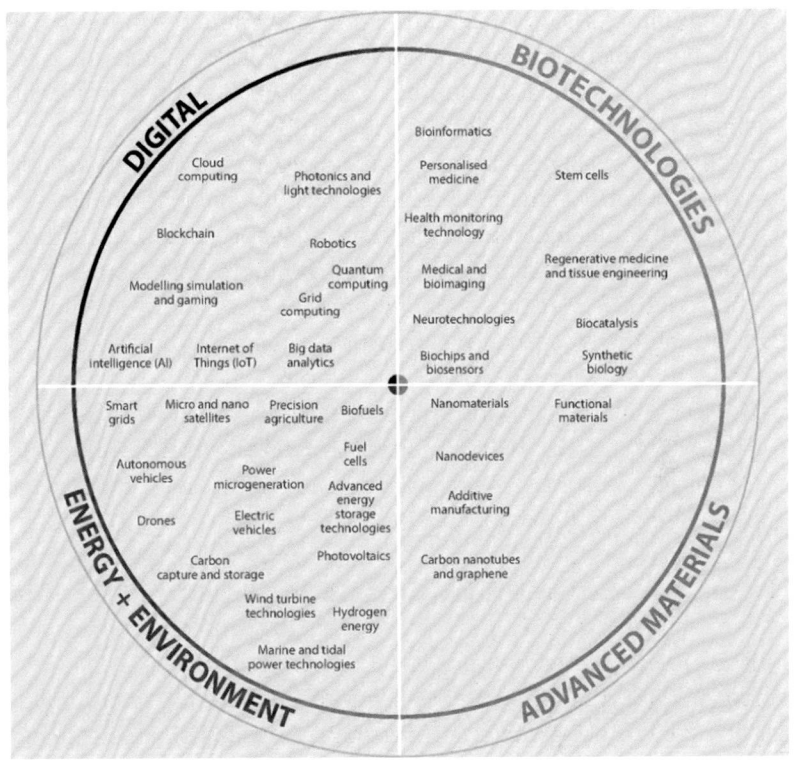

The circular diagram shows four quadrants labeled DIGITAL, BIOTECHNOLOGIES, ADVANCED MATERIALS, and ENERGY + ENVIRONMENT.

DIGITAL: Cloud computing, Photonics and light technologies, Blockchain, Robotics, Quantum computing, Modelling simulation and gaming, Grid computing, Artificial intelligence (AI), Internet of Things (IoT), Big data analytics

BIOTECHNOLOGIES: Bioinformatics, Personalised medicine, Stem cells, Health monitoring technology, Regenerative medicine and tissue engineering, Medical and bioimaging, Neurotechnologies, Biocatalysis, Biochips and biosensors, Synthetic biology

ADVANCED MATERIALS: Nanomaterials, Functional materials, Nanodevices, Additive manufacturing, Carbon nanotubes and graphene

ENERGY + ENVIRONMENT: Smart grids, Micro and nano satellites, Precision agriculture, Biofuels, Autonomous vehicles, Power microgeneration, Fuel cells, Drones, Electric vehicles, Advanced energy storage technologies, Carbon capture and storage, Photovoltaics, Wind turbine technologies, Hydrogen energy, Marine and tidal power technologies

Aus: OECD Science, Technology and Innovation Outlook 2016, S. 79[77]

Was werden diese Technologien einzeln und in Kombination bewirken? **Disruption** ist durchaus in multipler Weise **erwartbar**. In der Ökonomie wird Disruption verstanden als ein Prozess, bei dem ein bestehendes Geschäftsmodell oder ein gesamter Markt durch eine stark wachsende Innovation abgelöst bzw. zerschlagen wird.[78] Der Begriff leitet sich ab vom englischen „disrupt" („unterbrechen" oder „zerschlagen"). In den militärischen Bereich übertragen kann dies bedeuten, dass eine bewährte Strategie oder eine ganze Waffengattung durch neue Technologie ihrer Wirksamkeit beraubt wird.

Der Cyberraum stellt die fünfte Dimension für die Kriegführung dar. Der große „Cyberkrieg", der Weltkrieg der Computer untereinander inklusive umfänglicher Zerstörung von Gütern und massenhaftem Töten von Menschen, blieb aus. Also keine Übertragung von „Skynet" und „Terminator" in die Realität. Stattdessen fortwährend aggressive Attacken unterhalb einer Schwelle, die man umgangssprachlich auf Basis historischer Erfahrungen als kriegerischen Angriff qualifiziert und eher in der Dimension von Cyberkriminalität ansiedelt.[79]

Cyber-Operationen weisen vielfältige Besonderheiten auf, die sie von „normalen" militärischen Operationen unterscheiden: „Zu den besonderen Merkmalen von Cyber-Operationen zählen etwa eine amorphe Wirkungsstruktur, Anonymität und Nicht-Attributierbarkeit, eine begrenzte technische Beherrschbarkeit, der dual use-Charakter der eingesetzten Software, hohe Geschwindigkeiten, große Distanzen, Neutralität und Ubiquität von Datenübertragungen und das Erreichen quasistaatlicher Fähigkeiten nichtstaatlicher Akteure."[80] Anders und auf ein konkretes Beispiel gewendet geht es um die Gestaltlosigkeit einer Software wie etwa Stuxnet, ihre weltweite von realen Entfernungen gänzlich entkoppelte schnelle und unsichtbare Verbreitung über das neutrale Internet, die fehlende Rückverfolgbarkeit, die fehlende Steuerbarkeit, wenn eine Kopie der Software ein nicht ans Internet angeschlossenes System erreicht hat, und die Tatsache, dass nichtstaatliche und/oder zivile Akteure weltweit Wirkungen erzielen können, die dem Einsatz von Kriegswaffen gleichkommen. Der „Cyberwar" ist ein globaler unterschwellig geführter Kampf – also eine Art Kalter Krieg mit Wirkung –, dem man nicht nur direkte materielle, sondern auch nachhaltige kognitive Auswirkungen zuspricht.[81]

Die vorangegangene Auflistung von Technologien zeigt deutlich, dass die Grenzen zwischen militärischer und ziviler Technologie in den nächsten Jahrzehnten zunehmend unschärfer werden. Das gilt nicht nur für den Cyberraum, der das Grundprinzip der kriegerischen Wirkung durch zivile Technologie dramatisch aufzeigt. Mehr zivile

Technologie als je zuvor wird direkt und schnell in die militärische Anwendung übergehen. Entsprechende vertiefte Koordination von Forschung und Entwicklung, Wirtschaft und Militär ist dringend geboten.[82] Zudem machen die rasanten technischen Fortschritte und der damit stets verbundene Preisverfall eine nie dagewesene Proliferation von militärisch nutzbaren Techniken an nichtstaatliche Akteure möglich. Das bleibt nicht beschränkt auf Bürgerkriegsparteien oder Terrorgruppen, auch kriminelle Organisationen werden die Möglichkeiten nutzen. Denkbar ist z. B., dass die sogenannten „Narco-Subs"[83] schon in einigen Jahren nicht mehr bemannt sein müssen, es reicht ja ein menschliches „Empfangskomitee" am Zielort.

Beispiele wie AlphaGo mit seinen kreativen taktischen Lösungen und Mayhem mit seiner Fähigkeit, eigenständig lernend Sicherheitslücken zu erkennen, wecken Begehrlichkeiten für Anwendungen in Forschung und Entwicklung, Industrie und Logistik, Administration, Daseinsvorsorge, Medizin und Militär. Es geht nicht nur um Kampfsysteme, also fahrende, fliegende oder schwimmende Drohnen. Der militärische Überbau über den Wirkmitteln – C4ISR[84] auf der strategischen und taktischen Ebene und die **Vernetzung des kompletten militärischen Systems** – kann mit den teils noch in der Grundlagenforschung befindlichen Technologien durchgreifend verändert werden. Allerdings: Kreativität bedeutet im Umkehrschluss, dass die Ergebnisse des Lernens künstlicher Intelligenz und neuronaler Netzwerke anders als die Ergebnisse von Algorithmen kaum vorhersagbar sind.

Künstliche Intelligenz oder neuronale Netzwerke stellen eine ganz andere Leistungsklasse dar: Mit der Fähigkeit zum eigenständigen Lernen und zur Abstraktion von Gelerntem zur Anwendung auf neue konkrete Sachverhalte wecken Erwartungen für die Anwendung auf allen militärischen Ebenen.[85] Das Verhalten von Systemen ist auf Basis lernender KI und NN flexibler bis hin zu einer Art von maschineller Kreativität, wie AlphaGo und Mayhem belegen. Damit kommen solche Systeme militärischen Bedürfnissen theoretisch entgegen. Was werden sie leisten können?

Mit „Quantum Computing" können die bisherigen Leistungsgrenzen der Rechner möglicherweise schon ab 2030 gesprengt werden. Haben sie das Potenzial zur autonomen Steuerung komplexer Waffensysteme unter Einbeziehung von „higher level intent" im Sinne der UK-Definition? Werden sie Entscheidungen von Menschen in Stäben auf taktischer oder gar strategischer Ebene unterstützen können? Ihren ersten Einsatz werden sie in der Kryptografie haben – in beiden Richtungen. Wer hier den Vorsprung hat, liest beim Gegner mit und verhindert dessen Einbruch in die eigene Kommunikation. Wer hier den Vorsprung hat, kann komplette Netzwerke des Gegners ausschalten oder übernehmen. Aber Quantentechnologie ist nicht auf reine Rechenleistung beschränkt, mit ihr werden umfängliche globale Sensornetzwerke möglich.[86] Der Wettlauf um die Technologieführerschaft ist längst im Gange. In der Grundlagenforschung sind die Mitgliedstaaten der EU durchaus respektabel dabei, die Wirtschaft ist aber noch nicht aktiv in der Anwendungsforschung.[87] China, Russland und USA haben die strategische Bedeutung deutlich besser realisiert und investieren erheblich. Führend ist aktuell die VR China, die 2016 einen mit Quantentechnologie bestückten Satelliten in den erdnahen Orbit schickte, der 2017 erstmals ein Photon zur Erdoberfläche senden konnte.[88]

Disruption durch neue Technologien ist also in mancherlei Weise vorstellbar, durch Tempo des massenhaften Zulaufs von unbemannten Systemen – die Soldaten in der vordersten Front obsolet machen könnte – ebenso wie durch Beschleunigung von Prozessen des Detektierens, Entscheidens und Handelns oder Ersatz kinetischer Wirkmittel durch virtuelle Wirkmittel aus dem Cyberraum. Nicht zuletzt deshalb hat die Bundesregierung die Gründung einer „Agentur für Disruptive Innovationen in der Cybersicherheit und Schlüsseltechnologien" beschlossen.[89]

Die aufgeführten Technologien werden Treiber der fünften „Revolution in Military Affairs" (RMA) werden. Die „Revolutionen" werden wie folgt eingeteilt:[90]

- RMA I: Industrielle Produktion und Kampffahrzeuge verändern das Kampffeld spätestens seit 1916.
- RMA II: Kriegführung der Aufständischen gegen die japanische Besetzung in China seit den 1930er-Jahren, die zur Machtergreifung durch die KP der VR China führte.
- RMA III: Nukleare Waffen und wachsende interkontinentale Reichweiten dominieren den Kalten Krieg der Blöcke von 1949 bis 1990.
- RMA IV: Digitalisierung, Präzisionswaffen, passive Sensoren, Cyberraum und automatisierte Systeme prägen Konflikte seit 1990.
- RMA V: Zusammenwirken der oben aufgeführten Techniken und ihre prägenden Auswirkungen auf Streitkräfte und Konflikte.

1.4.2. Banale Realität: Anforderungen von Sicherheitspolitik und Militär

Aus Sicht des kämpfenden Soldaten gehören zu den wichtigsten Eigenschaften jeder Waffe und jeglicher Waffensysteme seit jeher Robustheit und Zuverlässigkeit. Gewendet auf digitale Systeme, die eigenständig Analyse, Aktion oder gar Entscheidungen oder mindestens Entscheidungsvorbereitung leisten sollen, bedeutet dies vor allem Präzision und Situationsangemessenheit der Verarbeitungsvorgänge. Situationsangepasstes Verarbeiten und Verhalten von Systemen in allen vorhersehbaren und mehr noch in unvorhersehbaren Situationen gehört zu den militärischen Kernforderungen, ohne deren Erfüllung ein Einsatz im bewaffneten Konflikt keinen Sinn macht.

Daraus ergibt sich die größte Herausforderung für alle digitalisierten Systeme, gerade für selbstlernende, nämlich **atypische Ereignisse**. Also genau die Situationen, in denen sich Problemlösungskompetenz, Kreativität und Flexibilität gut ausgebildeter Menschen bewähren müssen. KI und NN könnten theoretisch bald die Fähigkeit haben, in atypischen Situationen Entscheidungen zu treffen – aber fraglich bleibt, ob KI und NN überhaupt einmal befähigt sein werden, politischen und sonstigen Kontext einzubeziehen und in deren Verarbeitung zu „richtigen" Lösungen zu kommen. In der realen Welt werden an **Kreativität** andere Anforderungen gestellt als im Brettspiel. Die Kreativität von AlphaGo bewegt sich innerhalb des Rahmens der Spielregeln von Go. Im militärischen Konflikt gibt es jedoch nicht nur die Möglichkeit des kreativen Anwendens feststehender Regeln von Strategie und Taktik. Es existiert insbesondere die Möglichkeit, diese Regeln kreativ zu verletzen, also regelwidrig und überraschend zu handeln. Werden Systeme unter solch komplexen Umständen künftig tatsächlich einmal „higher level intent" erkennen und verarbeiten können? Und erst recht fraglich ist, ob solche Systeme jemals in der Lage sein werden, in einem komplexen Entscheidungsprozess mit unübersichtlicher Gesamtlage Entscheidungen zu treffen. Mehr noch, ob sie in einer Situation, in der alle vorliegenden Informationen auf eine klare Lage hindeuten, in der Lage sind eine entscheidende Frage zu stellen: „Kann das wirklich sein oder liegt ein Fehler einer Systemkomponente vor?" Am 26. September 1983 hat Stanislaw Petrow genau diese Frage gestellt und möglicherweise einen nuklearen Schlagabtausch und eine Katastrophe globalen Ausmaßes verhindert.[91]

Zudem gibt es aus Sicht militärischer Anwender aktuell beim Testen von KI und NN im Hinblick auf mögliche Verwendung in unbemannten (Waffen-)Systemen oder Führungssystemen mehr Probleme als Lösungen. Die Forschung jedenfalls belegt: **KI und NN haben nicht allein die Fähigkeit zum Lernen, sondern auch zum Irrtum.** Und zwar schon lange vor der Chance zur Kreativität bei aus Sicht des Menschen ganz einfachen Aufgaben, was an zwei Beispielen verdeutlicht werden kann.

- Bilderkennung:[92] Sie ist so lange gut, wie den getesteten Systemen bekannte und/oder klare Bilder geboten werden. Es gibt jedoch unendlich viele Optionen, auch Systeme mit langer „Lerngeschichte" durch Bilder zu täuschen, die nur minimal und für das menschliche Auge nicht sichtbar mit „falschen Pixeln" gespickt sind. Damit sind sie gerade für militärische Anwendungen praktisch unbrauchbar, wenn es um optische Erkennung von Zielen oder Kombattanten und die Unterscheidung etwa von Freund und Feind geht, weil diese Beobachtungen in Tarnung umgesetzt werden können.

- Spracherkennung:[93] Man programmierte eine Software darauf, die Wörter in einem Satz zu identifizieren, die für die Interpretation am wichtigsten sind. Dazu gaben sie den Satz wieder und wieder in dieselbe Software ein und ließen dabei abwechselnd einzelne Wörter aus. Das Wort, dessen Weglassung die Interpretationsleistung der Software am deutlichsten veränderte, wurde dann so lange durch Synonyme ersetzt, bis ein Wort gefunden war, das die Interpretation der Software völlig zum Stolpern brachte. Bevor ein technisches System in die Nähe kontextbezogener und zugleich zuverlässiger Entscheidungsfähigkeit kommen kann, muss es die semantische Interpretation einzelner Sätze so beherrschen wie ein für den Kontext ausgebildeter Mensch.

Künstliche Intelligenz ist ein Sammelbegriff, der eine sehr große Bandbreite verschiedener Fähigkeiten erfassen soll: vom bereits existierenden intelligenten adaptiven Autopiloten bis hin zu künftig einmal vorstellbaren Computern, die komplexe Situationen, Regeln, menschliche Intentionen usw. verarbeiten sollen. Wenn die Tätigkeit digitaler Systeme auf Teilbereiche menschlicher Aktionen wie das Steuern von Autos oder Flugzeugen konzentriert ist, können sie diese Tätigkeiten mit geringerer Fehleranfälligkeit als der Mensch ausführen. Darin liegt ihr Vorteil und ein großes Potenzial für weitere begrenzte Einsatzbereiche. Den heutigen Systemen fehlt jedoch die Fähigkeit zum kontextuellen Beurteilen komplexer Situationen gänzlich. Die oben aufgezeigten Fehlleistungen lassen erahnen, dass ein **langer Weg zur maschinellen Kontextbeurteilung** zurückzulegen ist. Das digitale Prozessieren von politischem Kontext, die Abwägung von Risiken und Nutzen, die Einschätzung der Risikobereitschaft des Gegners, die Einbeziehung von rechtlichen Regeln und ethischen Werten scheinen aus heutiger Sicht auf absehbare Zeit – für einige Jahrzehnte? – für technische Systeme eine zu komplexe Aufgabe. Selbst AlphaGo ist noch weit entfernt von derart komplexen kontextuellen Entscheidungen. Es arbeitet mit bemerkenswerter Kreativität, jedoch lediglich im Rahmen der wenigen Regeln eines Strategiespiels. Im militärischen Konflikt gibt es jedoch nicht nur die Möglichkeit des kreativen Anwendens der Regeln von Strategie und Taktik. Zu den Regeln existieren kaum zählbare Ausnahmen, und es existiert insbesondere die Möglichkeit, diese Regeln kreativ zu verletzen, also diametral regelwidrig und deshalb für den Gegner besonders überraschend zu handeln. Die fortschreitende Erhöhung der Leistungsfähigkeit von KI und NN wird die Entscheidungsautonomie der Systeme erhöhen – und zugleich die vielfältigen Möglichkeiten des Irrtums.

1.4.3 Vom selbststeuernden Vehikel zum strategischen Superrechner?

Fakt ist, dass aktuell Systeme existieren, die ein Auto steuern können – jedenfalls unter ständiger Überwachung durch einen Fahrer und unter Inkaufnahme eines erhöhten Risikos für Unfälle, wie statistische Auswertungen zeigen.[94] Aber die Computer dieser Vehikel bewältigen zumindest ansatzweise und zeitlich begrenzt eine erstaunlich komplexe Aufgabe: Sie koordinieren die Kontrolle des Kraftfahrzeugs mit konkreten Verkehrssituationen und mit den Verkehrsregeln. Unbemannte Luftfahrzeuge bewältigen die Navigation im Luftraum sowie automatisierte Starts und Landungen – allerdings auch unter Aufsicht und jederzeitiger Eingriffsmöglichkeit von Menschen. Schiffe legen 2020 ferngesteuert oder automatisiert kleinere und sogar ozeanische Distanzen ohne Eingriff von Menschen zurück, trotzen dabei dem Wetter und weichen anderen Schiffen aus – nur wenige Beispiele: Projekte von Kongsberg Marine für Fähren, Frachtschiffe und Feeder[95] oder das Mayflower Autonomous Ship von Promare und IBM, das im September 2020 den Atlantik überqueren soll.[96]

Darauf lassen sich künftige Steigerungen der Fähigkeiten von künstlicher Intelligenz zur **Bewältigung von Komplexität** aufbauen. Die Beispiele machen deutlich, dass diese Systeme den Menschen in der Perfektion im normalen Ablauf schon bald übertreffen könnten. Offen ist die Frage nach der Systemperformance in seltenen Ausnahmesituationen, in denen die Systeme zuverlässig und im Sinne des Menschen sachlich, rechtlich und ethisch mindestens vertretbare – besser: richtige – Entscheidungen zwischen zwei schlechten Optionen treffen müssen. Und das zuweilen verbunden mit der Notwendigkeit, eine Entscheidung über eine buchstäblich beispiellose Situation treffen und eine neuartige Lösung finden zu müssen, für die jedes Vorbild fehlt.

Für den militärischen Bereich sind als Weiterentwicklung der Strategiespiele unbemannte Systeme vorstellbar, die zusätzlich zu navigatorischen auch über echte taktische Entscheidungsfähigkeiten für den Gebrauch auf dem Gefechtsfeld verfügen, die über die Zielauswahl, die Priorisierung von Zielen und einfache Manöver hinausgehen und dafür auch die komplexen **Regeln der militärischen Strategie und Taktik** einprogrammiert bekommen müssen.

Darüber hinaus könnte die überwältigende Kapazität von Quantenrechnern in Kombination mit Software, die selbstlernend eine künstliche Intelligenz erzeugt, theoretisch die nötige Kapazität zur **Bewältigung komplexer Führungsunterstützungsaufgaben auf Stabsebene** bereitstellen. Schon in wenigen Jahrzehnten könnten theoretisch Systeme realisierbar sein, die kontextbasierte Entscheidungen ähnlich wie Stabsoffiziere treffen. Doch die **Spielregeln in Politik und Konflikt** sind anders als bei Brettspielen um ein Vielfaches komplizierter, weniger eindeutig und mit vielen Ausnahmen gespickt. Die Gewichtung der Regeln zueinander wird durch die Akteure ständig geändert. Oft ist es eher Intuition als Analytik, die einen Akteur auf den Gedanken bringt, dass eine Anpassung von eigenen Strategien an sich verändernde Situationen geboten ist. Intuition ist eine der typisch menschlichen Eigenschaften, die sich in Technologie nicht eins zu eins abbilden lässt. Sie setzt Kenntnis, Erfahrung und ein internes Wertesystem voraus – und geht der Analytik und dem bewussten Erkennen regelmäßig voraus.

Autonom handlungsfähige Systeme im Sinne der Definition in Kapitel 1.1.5. sind daher selbst mit exponentiellen Steigerungen der Rechenleistungen nicht realisierbar, da es nicht um die Rechenkapazität geht, sondern um das Wie des maschinellen Denkens. Entscheidend ist, wie Maschinen ihr Wissen und ihre Lernprozeduren durch initiale Programmierung erhalten und wie sie weiter lernen. Der Vergleichsmaßstab für die Definition der Fähigkeiten autonom entscheidender Systeme können ausschließlich sorgfältig und umfassend ausgebildete Soldaten sein, die durch Ausbildung befähigt werden, in komplexen Lagen richtige Entscheidungen zu fällen. Vor der Autonomie der Systeme kommt daher ganz sicher ihre Assistenzfähigkeit zum Zuge. Den Systemen wird in einer zunehmend komplexeren Welt zunächst und bis auf Weiteres die Aufgabe der Unterstützung des Menschen zukommen durch Analyse von Daten und Informationen, Reduktion von Komplexität sowie Erstellung von Szenarien und Prognosen, die dem Menschen über bildliche und grafische Darstellungen in einer Weise zugänglich gemacht werden müssen, dass sie eine fundierte und rasche Entscheidung ermöglichen.

Im taktischen Bereich wird es viele Optionen für das „Man-Machine-Teaming" geben. So könnten die Wingfighter des für 2040 projektierten Future Combat Air System (FCAS, siehe Kapitel 1.2.1., Nr. 8) dazu befähigt werden, eine maschinell erarbeitete Handlungsoption auf Befehl („Man in the Loop") oder ohne Eingriff des Piloten (aber mit der Kontrollfunktion des „Man on the Loop") auszuführen und seine Aktion dem sich dynamisch entwickelnden Lagebild anzupassen. Das Gleiche gilt für den maschinellen Wingman für Landsysteme und für maritime Einheiten.

In Seestreitkräften ist das Prinzip des **Man-Machine-Teaming** längst vertraut, so etwa betreibt die Deutsche Marine Minenjagd mit sogenannten Hohlstab-Lenkbooten und Unterwasserdrohnen, u. a. vom Typ Pinguin[97] oder in der neuen Ausstattung mit der Drohne Seehund.[98] Der Sea Hunter eröffnet neue Dimensionen für diese Teambildung etwa mit bemannten U-Jagd-Fregatten. Auch Unmanned Underwater Vehicles (UUVs) kann man sich im Team mit einem bemannten U-Boot vorstellen – vorausgesetzt, das Problem der bidirektionalen Datenkommunikation mit Langwellenfunk unter Wasser wird gelöst. Bisher können getauchte U-Boote Nachrichten nur mit sehr geringem Datenumfang empfangen – und nicht senden. Geringe Datenumfänge können via Langwelle (Extreme Low Frequency oder Very Low Frequency, ELF/VLF) von der Erdoberfläche gesendet werden und breiten sich auch unter Wasser unbeeinträchtigt aus, die Bundeswehr betreibt ein solches System stationär in Ramsloh.[99] Ganz deutlich kompaktere und damit mobil verwendbare Technologien hierzu befinden sich in der Erprobung, u. a. durch das SLAC National Accelerator Laboratory, haben aber weiterhin das Problem mit dem geringen Datenumsatz.[100] Es sind nur einfache Textnachrichten machbar, kein datenintensiver Lagebildaustausch. Für Befehle über das Verfolgen bestimmter Zielobjekte oder Beginn und Abbruch von Angriffen wird es aber allemal reichen, und die Fülle an Lagebilddaten kann durch Sensorbojen oder Überwassereinheiten gewonnen und an den das UUV führenden Offizier gesendet werden. Möglicherweise kann diese Technologie U-Boote (und Überwassereinheiten) erstmals befähigen, unter Wasser Nachrichten via ELF/VLF nicht nur zu empfangen, sondern auch zu senden. Damit wäre auch hier das Prinzip des „Wingman" anwendbar, das dem Konzept des FCAS zugrunde liegt. Allerdings: Der Sendebetrieb bringt die Möglichkeit der Lokalisierung mit sich. Im Ergebnis besteht bei Verwendung solcher Technologie für unbemannte U-Boote kein Erfordernis vollständiger Autonomie, weil entscheidende Befehle, z. B. Zielzuweisung, nach wie vor vom Menschen erteilt werden können.

Die Teambildung von Mensch und Maschine wird schon in absehbarer Zeit normale Realität in Forschung und Entwicklung, in Industrie und Logistik, in Administration, Daseinsvorsorge und Medizin sowie im Militär werden. Das Ziel muss immer sein, die jeweiligen Stärken von Menschen und Maschinen optimal auszuspielen. Unabhängig davon, ob Systeme den Menschen unterstützen oder im Entscheidungsvorgang ersetzen: Für den Menschen bedeutet das die Herausforderung, die Konfiguration von und die Kommunikation mit solchen Systemen erlernen zu müssen.

Aktuell führen USA, China und Russland den technologischen Wettbewerb um künstliche Intelligenz an. Europa droht den Anschluss zu verlieren und damit möglicherweise eines Tages seine Fähigkeit, sich effektiv selbst zu verteidigen. Die Mitgliedstaaten der Europäischen Union haben in ihrer Summe ein enormes naturwissenschaftliches Potenzial im Hinblick auf die Entwicklung von künstlicher Intelligenz, zur Generierung der notwendigen Datenbasis und zur Schaffung der notwendigen Vernetzung – es kommt darauf an, den politischen Willen zur Koordination der vielen „Hubs" zu formulieren und umzusetzen.[101]

1.4.4. Der Mensch und sein Selbstverständnis im Spiegel der Technologie

Es stellen sich viele grundlegende Fragen, die aus dem sich rasant entwickelnden objektiven und subjektiven Verhältnis des Menschen zur Technologie resultieren. Wie intelligent sind eigentlich sogenannte künstliche Intelligenzen im Vergleich zum Menschen? Was kann Intelligenz bei Maschinen überhaupt sein? Ist maschinelle Intelligenz messbar und/oder auch eine Sache der Wahrnehmung durch den Menschen? Wie geht man mit dem um, was künftig einmal realisierbar scheint?

Wird es in einigen Jahrzehnten künstliche Intelligenz geben mit der Fähigkeit, Entscheidungen zu treffen unter Einbeziehung von Umgebungsvariablen, Kontext und Spielregeln von Politik und Konflikt sowie Recht und Ethik? Mit einem durch die Verknüpfung dieser vielen Aspekte entstehenden maschinellen Bewusstsein? Für Maschinen scheint das aus heutiger Sicht eine unglaublich anspruchsvolle Aufgabe, die mit heutigen Standards des Datenprozessierens nicht zu bewältigen ist, aber theoretisch einmal lösbar werden könnte. Aber selbst dann ist zu fragen: Kann es echte Kontextbeurteilung ohne ein dem Menschen gleichendes „Bewusstsein" überhaupt geben? Die Intelligenz des Menschen ist fest verwoben mit der Volatilität seiner Existenz als Lebewesen, mit seiner Körperlichkeit, seiner Verletzlichkeit und seiner Endlichkeit. Anders gewendet: Physis, Verletzlichkeit, Endlichkeit und das Wissen darüber sind Teil des komplexen Bewusstseins und der Intelligenz des Menschen. So kann man wohl von einer künstlichen Intelligenz bestenfalls simuliertes menschliches Bewusstsein erwarten – oder eine ganz eigene Art des maschinellen Bewusstseins à la „Commander Data"?[102] Auch eine Maschine mit komplexer Wahrnehmungs-, Urteils- und Entscheidungsfähigkeit wird dem Menschen wahrscheinlich eher wie ein Alien vorkommen und weniger wie ein künstlicher „Artgenosse". Den Turing-Test[103] würde diese Maschine möglicherweise bestehen – vielleicht aber auch nicht, weil künftige testende Personen mehr differenziertes Bewusstsein für menschliche und maschinelle Verhaltensmuster entwickeln und die Maschine eben „anders" ist? Der Mensch gewöhnt sich an „seine" Maschinen, erkennt sie aber auch weiterhin als das, was sie sind, nämlich als menschliche Artefakte. Der Mensch wandelt sich in der Konfrontation mit den von ihm erfundenen Maschinen.

Es geht nicht allein und isoliert um abstrakte einmal festzulegende Definitionen von Systemen. Es geht um

- die Wahrnehmung des Menschen über sich selbst, die sich im Spiegel der Maschinen wandelt,
- das Verhältnis des Menschen zu den Maschinen,
- sich entwickelnde Erwartungen und Wahrnehmungen des Menschen und seine sich im Takt mit der technologischen Innovation dynamisch ändernden Maßstäbe.

Angewendet auf Sicherheitspolitik und Militär und insbesondere auf mehr oder weniger eigenständig handelnde Maschinen geht es um darum,

- mit welcher Einstellung der Mensch die Maschinen nutzt,
- ob und wie viel Entscheidungsmacht über Leben und Tod der Mensch in die Hände von Maschinen legen kann, will und darf.

Grundlegende philosophische Fragen können und müssen in der Konfrontation mit Maschinen neu diskutiert werden. Der Mensch wird auch in der voll digitalen Welt kein „neuer Adam" – die Grundlagen bleiben, die Volatilität, die Endlichkeit, die Fehlbarkeit, die Ambivalenzen und inneren Widersprüche, die Notwendigkeit, stets mit vorläufigem Wissen entscheiden zu müssen, die Erkenntnis der individuellen Verantwortung und die Suche nach den anzulegenden Maßstäben für richtiges Handeln. Damit kann man in der ethischen Debatte wenigstens auf teilweise vertrautem, wenn auch stets dynamischem Terrain agieren.

Was sind die Bedingungen des Menschseins in einer Welt, in der der Mensch mehr und mehr technische Systeme erschafft, die ihm in begrenzten, aber stetig anwachsenden Teilbereichen im Hinblick auf Informationsverarbeitungsfähigkeit, Tempo und Zuverlässigkeit überlegen sind?

Zum Einstieg in das weite Feld kann man die letzte der Fragen als eine der einfacheren vorziehen. In der Einstellung zur Nutzung der Maschinen und in der Kommunikation zwischen Mensch und Maschine liegen Fehlerquellen, wie in Kapitel 1.1.4. gezeigt wurde. Etwas überzeichnet ausgedrückt: „Letztlich wird ‚Künstliche Intelligenz' durch ‚Natürliche Dummheit' zum Problem, durch die geistige Trägheit oder mentale Weigerung, in vollem Sinne Mensch zu sein."[104] Es geht im Kern darum, ob sich ein Operator blind auf sein System verlässt oder sich die Mühe macht, eine kontextbezogene „Situational Awareness" aufrechtzuerhalten, die es ihm ermöglicht, einen Umstand zu erkennen, der zur Kontrolle oder zum Eingriff in den Ablauf nötigen. Schlicht: Verantwortung übernehmen. Das ist einfacher gesagt als getan: Agiert doch der Soldat zunehmend in einer von „künstlich intelligenten und technisch autonomen Unterstützungssystemen" geprägten „Technosphäre",[105] die mit immer höherem Tempo Informationen verarbeitet und angesichts schrumpfender Reaktionszeiten Entscheidungen in rascher werdendem Takt verlangt. Ein Beispiel: Das seit Langem vertraute „kognitive" Luftraumüberwachungssystem AWACS, das aus einer Fülle von nebelhaften Radardaten die Flugdaten einzelner Kampfflugzeuge extrahieren kann, zeigt, wie komplex die Herausforderung der „Systembeherrschung" schon aktuell ist.[106] Ein Ausstieg aus dem Weg hin zu noch mehr Technologie ist allerdings unmöglich. Manuelles Auswerten von überwältigend großen Datenmengen ist praktisch undurchführbar. Niemand ist in der Lage, aus einem Radarbildschirm mit Tausenden jeweils als Punkt abgebildeten „Kontakten" manuell das Wesentliche zu extrahieren. Ohne digitalisierte „Technosphäre" ist man buchstäblich blind und taub, es wäre schlicht eine selbstgewählte, vollendete Unfähigkeit zur effektiven Verteidigung. Die Herausforderung der Beherrschung der digital geprägten „Technosphären" muss angenommen und gemeistert werden.

Das **Verhältnis** des Menschen **zu** den **Maschinen** und insbesondere die Frage, wie viel Entscheidungsautonomie den Maschinen über das Ob und Was zugestanden wird, wird im militärischen Bereich überlebensnotwendig. Nicht nur, weil das höhere Entscheidungs- und Aktionstempo der Technik genutzt werden muss, wenn man mit hochgerüsteten Gegnern auf Augenhöhe agieren können soll. Sondern weil zugleich der Erfolg des Handelns von der technischen Beherrschbarkeit des einzelnen Systems und der Gesamtheit der Systeme und von deren professionell geschulter und verantwortungsbereiter Nutzung abhängt.[107] So entsteht eine schwer auflösbare Quadratur des Kreises, die eine enorme Herausforderung an jeden Soldaten stellt, hinsichtlich seiner kognitiven Fähigkeiten und mentalen Präsenz. Mit fortschreitender Digitalisierung werden sich die Herausforderungen im Laufe des 21. Jahrhunderts fortlaufend ändern – möglicherweise nicht durchweg hin zu einer Erschwerung, weil zunehmende Automatisierung von Prozessen dem Menschen Freiheit und abhängig von der Schnelligkeit des OODA-Loops[108] mehr oder weniger Zeit für die Entscheidungsfindung lässt. Aber grundsätzlich wird dauerhafte Aufmerksamkeit und mentale Stärke gegenüber den Maschinen verlangt. Umgekehrt liegt es natürlich in der Hand des Menschen, alle Systeme so anzulegen, dass sie in der Kommunikation mit dem Menschen an die Funktionalität seiner Wahrnehmung und an menschliche Reaktionsmuster angepasst sind. Mithin geht es um die Ergonomie des Arbeitsplatzes im digitalisierten Militär, damit der Soldat sein Können tatsächlich ausspielen kann und um zugleich zu verhindern, dass typisch menschliche Schwächen zu stark ins Gewicht fallen. Diejenigen, die 2020 und im kommenden Jahrzehnt in der Verantwortung stehen, die Weichen zu stellen, haben dabei durchaus einen Vorteil: Sie sind die letzte Generation, die auch noch eine prädigitale Welt kennt,[109] und sie können zugleich die durchdigitalisierte Welt imaginieren. So kann diese Generation die Dramatik der Entwicklungen möglicherweise schärfer wahrnehmen als die jüngeren „Digital Natives".

Wie wird die Konfrontation mit künstlich intelligenten Maschinen die **Selbstwahrnehmung des Menschen** beeinflussen? Forschung an künstlicher Intelligenz hat von Anfang an nicht nur nebenbei die Erforschung der Intelligenz des Menschen angetrieben. Die Initialzündung folgte mit dem „Dartmouth Summer Research Project on Artificial Intelligence" 1956. Anfänglich ging man davon aus, dass Eigenschaften menschlicher Intelligenzleistung von den Maschinen simuliert werden könnten, und dachte dabei an Abstraktion, Begriffsbildung und Sprachnutzung.[110] Zu den Erkenntnissen der Forschungsarbeiten gehört, dass der Mensch den Wettlauf um das höchste Informationsverarbeitungsvermögen und die schnellste Reaktionszeit definitiv nicht gewinnen wird. Und AlphaGo könnte ein Hinweis sein, dass auch hinsichtlich taktischer Kreativität die Überlegenheit des Menschen irgendwann dem Ende zugeht. Innerhalb der Regeln des Brettspiels Go hat die Software den Menschen überragende Kreativität demonstriert. Aber wie könnte eine KI mit den vielen Ausnahmen der Regeln von Strategie und Taktik in der echten Welt umgehen? Und zeigt sich die Kompetenz des Soldaten zuweilen nicht gerade in der bewussten Verletzung taktischer Regeln bis hin zum Tun des diametralen Gegenteils des Erwartbaren?

Wie auch immer: Der Mensch muss immer wieder neu darüber befinden, wie er seine Überlegenheit gegenüber der Maschine absichern kann. Pointiert lauten die entscheidenden Fragen: „1. Wie bleiben wir geistig und seelisch unseren Werkzeugen gewachsen? 2. Welches technische Design erleichtert die verantwortbare KI-Nutzung?"[111] Dem Systemdesign, dem Human Machine Interface und der Gestaltung der Kommunikation zwischen Mensch und Maschine kommt dabei entscheidende Bedeutung zu. Möglicherweise werden Aspekte der Emotionalität, des Irrationalen und der Individualität, von Verletzlichkeit und Endlichkeit für die Selbstwahrnehmung der menschlichen Intelligenz in der Zukunft deutlich höheres Gewicht erlangen als bisher, weil sich der Mensch hierdurch absehbar selbst vom unvorstellbar potenten Supercomputer unterscheiden wird.

2. SICHERHEITSPOLITIK UND VERTEIDIGUNG IM ZEITALTER UNBEMANNTER SYSTEME UND CYBER-OPERATIONEN

Grundlegend ist die wichtige Unterscheidung nach Spannungen und Krisen einerseits und dem bewaffneten Konflikt (Krieg) andererseits. Im bewaffneten Konflikt wird militärische Gewalt zur Durchsetzung eines angestrebten Ziels angewendet. In der Krise wird diplomatisches Bemühen oder machtpolitisches Kräftemessen mit militärischen Drohungen, Demonstrationen des Potenzials, meist limitierter Gewaltanwendung („Nadelstiche" usw.) untermauert.

2.1. Unbemannte Systeme im bewaffneten Konflikt

Im bewaffneten Konflikt wird militärische Gewalt unter den Kautelen der verfügbaren Mittel, des angestrebten Ergebnisses, von Strategie und Taktik sowie im Hinblick auf völkerrechtliche Regeln eingesetzt, um Ziele wie die Abwehr eines Angriffs oder die Niederringung eines Gegners zu erreichen. Im 21. Jahrhundert wird das Kampffeld und das Agieren von Streitkräften und Soldaten im Vergleich zu historischen Entwicklungen rascher und tiefgreifender verändert werden als je zuvor.

2.1.1. Unbemannte Systeme revolutionieren Rüstung und Streitkräfte

Streitkräfte werden künftig einen stetig wachsenden Anteil von un-bemannten – teils ferngesteuerten, automatisierten und in sehr be-grenzten Bereichen ihrer Funktionen autonom agierenden – Füh-rungs- und Waffeneinsatzsystemen, Waffensystemen, Waffen und Munition verwenden.[112]

Das Aufkommen unbemannter Systeme weist historisch betrachtet qualitative Besonderheiten auf.

Erstens gilt seit den Anfängen der Menschheit: Technik verstärkt die Fähigkeiten des kämpfenden Soldaten im Hinblick auf Schutz, Schlagkraft und Tempo, und sie hat das Operationsgebiet des Krie-gers vom Land erst auf das Wasser und dann auch auf den Luftraum ausgedehnt. Im 21. Jahrhundert werden Soldaten erstmals in der Geschichte zunehmend aus der vordersten Linie zurückgezogen. Drohnen ermöglichen dies in begrenztem Umfang bereits seit zwei Jahrzehnten. Sea Hunter, Seagull, Protector, MQ-9, Harpy, Black Hor-net, Platform-M usw. sind Beispiele für die ersten Generationen einer durchgreifenden Revolution durch Technologie.

Zweitens entsteht eine tiefgreifende Veränderung auf der Kosten-ebene. Im Zeitalter der bemannten Systeme bedeutete der Zulauf von mehr Technologie stets eine Erhöhung der Kosten. Unbemannte Sys-teme sind allein schon deshalb preiswerter, weil der Mensch mit all seinen Bedürfnissen nicht mehr berücksichtigt werden muss, Erfor-dernisse für Raum und (über-)lebenswichtige Ausstattung entfallen. Zudem gilt die Binsenweisheit, dass die digitale Ausstattung rasant leistungsfähiger und zugleich billiger wird – Skaleneffekte durch Masse verstärken den Prozess noch. Am Beispiel des Sea Hunter wird das dramatisch deutlich. Der Prototyp hat Betriebskosten von etwa 15.000 bis US-\$ 20.000 pro Tag, während der Betrieb eines Zerstörers mit rund 700.000 US-\$ pro Tag zu Buche schlägt. Der Anschaffungspreis des Prototyps Sea Hunter betrug 20 Millionen US-$.[113] Die Anschaffung der vier deutschen Fregatten der Klasse F125 wird rund 3,2 Mrd. Euro kosten.[114] Selbst wenn man den Unterschied in der Leistungsfähigkeit der Systeme und das wesentlich größere Einsatzspektrum der Fregatten berücksichtigt, schneidet das unbemannte System auf der Kostenseite deutlich besser ab, und dabei realisiert der Prototyp noch keine Skaleneffekte durch Menge. Im 21. Jahrhundert wird Rüstung pro Stück preiswerter. Unbemannte Systeme offerieren günstigere Kosten nicht nur bei Anschaffung und Gebrauch, sondern auch beim Training des Bedienpersonals.

Die Revolution wird noch dramatischer ausfallen, erstens durch Vernetzung, geteiltes Lagebild in Echtzeit und Führung mit komplexen Führungs- und Führungsunterstützungssystemen und zweitens durch den Krieg im Cyberraum als neuer Dimension der Kriegführung mit Wirkung auf die reale Welt. Auch die Nutzung des Weltraums als Ort der Kriegführung wird eine zunehmende Rolle spielen, und zwar unter allen militärisch relevanten Aspekten: Aufklärung, Kommunikation, Führung und Wirkung.

Im 21. Jahrhundert werden Soldaten zunehmend gebraucht, um Systeme zum Einsatz zu bringen: fernsteuern, überwachen und instand halten. Der Anteil der Techniker und Logistiker unter den Angehörigen der Streitkräfte wird zwangsläufig weiter anwachsen, eine Entwicklung, die bereits im 19. Jahrhundert begonnen und seit dem frühen 20. Jahrhundert geradezu dramatische Züge angenommen hat. Techniker können künftig durch künstliche Intelligenz zunehmend unterstützt werden hinsichtlich Feststellung des Reparaturbedarfs und durch Robotik bei der Durchführung von Wartung und Reparatur, entsprechende Systeme sind etwa bei Lockheed Martin in Entwicklung. Um die in früheren Kriegen nicht unerheblichen Verluste an Soldaten in der Logistik zu vermeiden, können autonome Vehikel im Nachschub eingesetzt werden.[115]

Das Kampffeld der Zukunft wird sich auszeichnen durch

- die Proliferation und Dominanz unbemannter Systeme,
- das Aufkommen von Systemen, die eine Fusion der Fähigkeiten von Mensch und Maschine ermöglichen, und
- den Kampf im Cyberraum um die Informationshoheit, der in die reale Welt hineinwirkt und über den Erfolg in der realen Welt entscheidet.

2.1.2. Einsatz von unbemannten Systemen – „autonome Killerdrohnen" auch künftig nicht in Sicht

Wenn vom Einsatz unbemannter Systeme gesprochen wird, werden oftmals bestimmte aus den letzten Jahren bekannte Einsatzszenarien mehr oder weniger unausgesprochen mitgedacht: Stabilisierungs- oder Antiterrormissionen bzw. andere Missionen geringer Intensität wie Embargoüberwachung. Unbemannte Systeme erhalten jedoch zunehmend die Fähigkeiten, künftig in der kompletten Bandbreite aller Szenarien der Landes- und Bündnisverteidigung und des Schutzes von Seewegen zum Einsatz zu kommen. Es handelt sich dabei nicht um Einsätze geringer Intensität, sondern um Konfrontation mit technologisch ebenbürtigen Gegnern mit entsprechend hohen Anforderungen an Tempo, Schlagkraft und Durchhaltefähigkeit.

Unbemannte Systeme unterscheiden sich in einem für die Konfliktführung essenziellen Punkt von bemannten Systemen: Sie sind schnell(er) regenerierbar. Selbst wenn bemannte Systeme wie Panzer schnell nachproduziert werden können, braucht die Ausbildung der Soldaten und die Integration von Soldat und Maschine sowie Soldat und Soldat zum einsatzfähigen Team in der Regel Wochen oder Monate. Hier realisiert sich ein weiterer Vorteil unbemannter Systeme auf der Zeitschiene: Im Regelfall haben die räumlich vom System getrennten Operatoren und Techniker den Verlust ihres Systems überlebt. Das Ersatzgerät für das im Kampf zerstörte unbemannte System ist schon am Tag seiner Auslieferung aus der Produktion unmittelbar einsatzfähig – und leistungsfähiger als sein zerstörter Vorgänger. Regelmäßig werden Kampferfahrungen in größtmöglicher Schnelligkeit durch Software-updates oder Modifikationen der Hardware in die Systeme implementiert – zeitgleich in alle Systeme einer Produktionsserie. Bei bemannten Systemen gilt, dass man zwar deren Software ebenfalls mit jeder neuen Produktionsserie anpassen kann – das Einbringen neuer Erfahrungswerte in das Training der Besatzungen braucht aber ganz deutlich mehr Zeit als Softwareupdates. Das neu produzierte unbemannte System dagegen kommt fertig programmiert in die Truppe und kann sofort verwendet werden. Der Wettlauf um die ständig erneuerte Herstellung von temporärer Überlegenheit oder, anders gewendet, der Zyklus der Anpassung von Waffensystemen an immer neue militärische Herausforderungen wird durch den Gebrauch automatisierter oder autonomer Systeme deutlich beschleunigt. Das erforderliche schnellere Tempo von Innovation und Produktion erzwingt eine weitgehende Nutzung des Innovationstempos ziviler Produkte.[116] Den Kampf an vorderer Front an Maschinen zu delegieren bedeutet nichts anderes, als die eigenen Soldaten zu schonen, industrielle Kapazitäten zu nutzen und damit eine längere Durchhaltefähigkeit zu generieren. Längere Durchhaltefähigkeit mit konventionellen Mitteln, zu denen die unbemannten Systeme gehören, kann eine Konfliktpartei davor bewahren, die Entscheidung über die nukleare Option treffen zu müssen.

Aufwuchs und Regeneration von Kampfeinheiten sind mit unbemannten Systemen in einem nie dagewesenen Tempo realisierbar. Voraussetzungen sind lediglich Zugang zur Technologie, Finanzierung und Menschen, die die Maschinen instand halten können. Durch unbemannte Systeme sind deutliche Steigerungen beim Einsatz großer Zahlen realisierbar, mithin eine Beschleunigung der seit dem 19. Jahrhundert bekannten Entwicklungen. Militärische Effektivität entsteht dann durch Masse auch bei einfacher Bauweise, nicht mehr exklusiv durch Qualität. Der Einsatz von unbemannten Systemen auf dem Kampfplatz Miniaturisierung und Masse wird in einem nie zuvor gegebenen Maß möglich, die auch finanzschwache Staaten und Organisationen in die Lage versetzen, große Schlagkraft aufzubauen. **Disruption** entsteht so durch **Masse**. Sicher sind disruptive Wirkungen denkbar durch (neue!) technologische Qualitäten, aber selbst innovative und überlegene Systeme werden ohne genügende Zahl nicht die erstrebte strategische Wirkung erzielen können: Historisches Beispiel hierfür ist das erste Düsenflugzeug im Kampfeinsatz, die Messerschmitt Me 262, in Serie gebaut ab 1943.

Im Ergebnis wird **Aufrüstung** mit höherem **Tempo** als je zuvor möglich. Das wird zu einer erheblichen Stärkung vieler kleinerer Staaten und nichtstaatlicher Akteure führen. Die rasche Aufrüstung kann nicht allein zur Erstellung einer dauerhaft bestehenden Maschinenstreitmacht genutzt werden, sondern auch für einmalige Operationen, sozusagen als Einwegstreitmacht. Die Einwegstreitmacht für einen Einsatz hat mehrere Vorteile: schnelle Aufrüstung, kein Instandhaltungsaufwand, und der Gegner kann sich auf die verwendeten Mittel und die Taktik nicht nachhaltig einstellen, weil er damit rechnen muss, dass für den nächsten Schlag andere Mittel gewählt werden.

Schwächere Konfliktparteien können so eine beträchtliche zumindest temporäre Risikoerhöhung für den Gegner bewirken. Beispiel:

> Fliegende Drohnen sind ein global verbreitetes ziviles Produkt, aus Mengen von ihnen lässt sich in kurzer Zeit unter Umgehung der langen Ausbildungszeiten für Piloten eine Art von Luftwaffe aufbauen. Die Huthi-Rebellen im Jemen praktizieren das seit etwa 2015, zuletzt mit dem verheerenden Angriff auf die größte Rohölverarbeitungsanlage im saudischen Abqaiq, etwa 200 Meilen nordöstlich von Riad, am 14. September 2019. Drohnen wohl iranischen Ursprungs, die vorher eine Distanz von rund 900 Meilen zurückgelegt und saudische Radaranlagen getäuscht haben mussten, haben die Anlage für Monate außer Betrieb gesetzt.[117]

Starke Konfliktparteien können unbemannte Systeme als Force Multiplier nutzen.

Beispiel:

> Die sogenannten Narco-Subs könnten Vorbild sein für halbtauchende, unbemannte Kleinfahrzeuge. Lange Seeausdauer, schwer detektierbar und geeignet für Aufklärung und gegebenenfalls Angriff durch Waffeneinsatz oder Rammen. In der US Navy zieht man Einheiten in Größenklassen von zwölf bis 50 Meter in Betracht, die einzeln, im Schwarm gleicher Fahrzeuge oder im Verbund mit bemannten Einheiten operieren könnten.[118]

Es stellt sich die Frage, ob gegnerische Aufrüstungsbemühungen – also Massenproduktion von unbemannten Systemen – stets beobachtbar sind wie frühere Aufrüstungsaktivitäten, die u. a. durch verstärkte Manövertätigkeit aufgefallen sind. Aufrüstung durch Erhöhung der Quantität vorhandener unbemannter Systeme kann in der Tat durch Massenproduktion erfolgreich getesteter Systeme und deren Einlagerung erfolgen. Dies wäre durch Satellitenbilder und selbst durch genaueres Beobachten per Aufklärungsflugzeug kaum mehr detektierbar. Für die westlichen Industriestaaten zwingend ist deshalb die Erstellung von Konzepten zum raschen Aufwuchs ihrer Streitkräfte mit unbemannten Systemen, um in heraufziehenden Konflikten die Verteidigung von Staatsgebiet, Bündnispartnern und Seewegen rasch sicherzustellen.

Je nach Umgebung wird sich der massenhafte Einsatz von unbemannten Systemen unterschiedlich dramatisch auswirken. Beim Kampf an Land und in der Luft waren große Massen schon im 19. und 20. Jahrhundert ein geläufiges Phänomen. Nicht ganz so stark ausgeprägt war dies im maritimen Umfeld, mithin beim Kampf auf See. Unbemannte Systeme werden dazu führen, dass nie gekannte Massen von Kampfeinheiten das zukünftige maritime Umfeld prägen. Beispiel: U-Boote sind bei Seestreitkräften in aller Welt zwar in beträchtlicher, aber doch begrenzter Zahl im Einsatz. Kompakte unbemannte U-Boote könnten in Mengen eingesetzt werden, die man sich bei bemannten U-Booten kaum vorstellen kann – die Limitierung der Zahlen bemannter U-Boote folgt aus den Notwendigkeiten der Personalgewinnung und Ausbildung. Durch Masseneinsätze unbemannter Einheiten lassen sich auch die Abwehrqualitäten von bemannten Hochwerteinheiten überwinden. Die massenhafte Produktion von kleinen U-Booten ist nichts gänzlich Neues, sie war schon im Zweiten Weltkrieg möglich, wie Deutschland und Japan anschaulich demonstriert haben. Das 21. Jahrhundert wird eine durch Industrie 4.0 hinterlegte exponentielle Steigerung ermöglichen.

Nicht allein bekannte Gegner wie beispielsweise U-Boote und U-Jagd-Fregatten, Kampfflugzeuge und Hubschrauber, Kampfpanzer und Panzerhaubitzen werden in der unbemannten Version auftreten. Die größere Herausforderung sind **Schwärme von Miniatur-Waffensystemen** – egal ob am Boden, an oder unter der Wasseroberfläche oder in der Luft. Beispiel fliegende Systeme: Es ist leichter, eine Drohne von der Größe eines Hubschraubers zu bekämpfen als Hunderte von Black Hornets. Erste Versuche mit Schwarmflügen sind erfolgreich unternommen worden, u.a. in den USA.[119] Die Herausforderung für Miniatursysteme besteht allerdings im Thema Wirksamkeit. 50 Drohnen mit jeweils 50 Gramm hochexplosivem Sprengstoff eröffnen jedenfalls Wirkungsoptionen gegen nicht gepanzerte Ziele. Gegenmittel? Elektronische Kampfführung (EloKa) in Form des Jammings durch Stören der Fernsteuerfunkverbindung, der Kommunikation zwischen eigenständig operierenden Drohnen bzw. des GPS? Als direkt auf die Miniatursysteme einwirkende Gegenmittel kämen in Frage: Laser, Schrotladungen aus großkalibrigen Streuwaffen, Fangnetze oder möglicherweise auch andere aus dem zivilen Bereich stammende Techniken wie Wassersprühnebel. Verschiedene Abwehroptionen, die dem Prinzip des Jammings zuzuordnen sind, werden bereits angeboten[120] bzw. wurden schon erfolgreich eingesetzt.[121] Künftig kommen als Gegenmittel in der Nahbereichsabwehr auch Drohnen selbst infrage: Wenn man sie programmieren kann, anderen Drohnen des eigenen Schwarms auszuweichen, kann man sie auch dazu programmieren, als Gegner erkannte Flugobjekte zu rammen. Diese Jagddrohnen müssen schneller und wendiger sein als ihre Gegner – der Wettlauf ist eröffnet.

Größere bemannte Überwassereinheiten oder U-Boote könnte man in Zukunft ausstatten mit einer Vielfalt von fliegenden, schwimmenden und tauchenden unbemannten Systemen verschiedener Größen, die sowohl zum Eigenschutz, zum Verbandsschutz und zu offensiven Operationen verwendet werden könnten. Docklandungsschiffe könnten durchaus UUVs von der Größenordnung eines Echo Voyager (siehe Kapitel 1.2.1., Nr. 12) aufnehmen. Seestreitkräfte des Jahres 2040 haben dann möglicherweise weniger, aber größere bemannte Einheiten und mehr unbemannte Systeme. Wenn man die Reduktion großer bemannter Einheiten in Betracht zieht, ist jedoch stets zu bedenken, dass im militärischen Konflikt Menge und Redundanz Grundbedingung der Durchhaltefähigkeit und des Erfolgs sind.

Schwarmattacken sind indes nicht so einfach realisierbar, wie es manche Darstellung scheinen lässt,[122] jedenfalls wenn man den Anspruch stellt, dass sich die eingesetzten Drohnen miteinander koordinieren und situationsangemessen flexible Rollen annehmen. Für solche Aktionen müssen Drohnen mit ausreichender Rechenleistung, Sensoren sowie Effektoren ausgestattet und so programmiert werden, dass sie sich als Schwarm koordinieren, gemeinsam ein Ziel verfolgen und Wirkung erzielen können – eine Aufgabe, die nach erheblicher technologischer Leistungsfähigkeit verlangt. Mittlere Mächte wie der Iran werden diese technologische Herausforderung in absehbarer Zeit bewältigen können.[123] Für nichtstaatliche Akteure eröffnet sich die Option des massenweisen Einkaufs oder Nachbaus von zivilen Drohnen und deren Nachrüstung mit einfachen Kampfmitteln. **Preiswerte kommerzielle Komponenten** lassen sich so schon heute von nicht staatlichen Akteuren zu effektiven Kampfmitteln formen.[124] Das kann ausreichen, um Drohnen z. B. wie weit fliegende Handgranaten einzusetzen. Das erforderliche schnellere Tempo der Implementierung von Innovation in die Streitkräfte erzwingt eine weitgehende Nutzung ziviler Produkte auch durch die Streitkräfte hochtechnisierter Staaten, soweit zivile Produkte eigens für Streitkräfte entwickelte Lösungen gleichwertig ersetzen können.[125]

Die immer dichter werdende effektive Überwachung der realen Welt zwingt Streitkräfte dazu, militärische Tugenden wie **Tarnen und Täuschen** weiterzuentwickeln und mindestens teilweise, möglicherweise sogar weitgehend in den Cyberraum und in die elektronische Kampfführung (EloKa) zu verlegen. Technische Systeme detektieren anders als der Mensch mit seinen Sinnen, die Tarnung von Soldaten und Gerät aller Art wird künftig anderen Herausforderungen begegnen. Streitkräfte setzen sich schon lange mit den Wahrnehmungsfähigkeiten von Radar, Sonar und Optronic auseinander, der Wettlauf zwischen Stealth und Ortung ist schon jahrzehntelang im Gange. Dieser Wettlauf bekommt dann, wenn bei einem eigenständig agierenden technischen System kein Mensch die Anzeigen der Computer bzw. die Bilder auswertet, eine neue Dimension.

Die Folge der Einführung unbemannter Systeme könnten langwierige **Abnutzungskriege zum Nachteil der industriell schwächeren Konfliktpartei** sein – in jedem Fall aber zum Nachteil der Konfliktpartei, die auf Soldaten statt Technik in der vordersten Front setzt. **Innovationskraft und industrielle Leistungsfähigkeit** werden künftig noch **entscheidender sein für die Sicherheit** von Staaten und Bündnissen und deren Fähigkeit, Konflikte erfolgreich durchzustehen. Angesichts der praktisch unbegrenzten und raschen industriellen Reproduzierbarkeit ist die **Nutzung unbemannter Systeme künftig Voraussetzung für die Verteidigungsfähigkeit** als solche. Den Kampf an vorderer Front – zumindest großenteils – an Maschinen zu delegieren bedeutet nichts anderes, als die eigenen Soldaten zu schonen, industrielle Kapazitäten zu nutzen und damit eine längere Durchhaltefähigkeit zu generieren. Längere **Durchhaltefähigkeit mit konventionellen Mitteln,** zu denen die unbemannten Systeme gehören, kann eine

Konfliktpartei davor bewahren, die Entscheidung über die nukleare Option treffen zu müssen.

Disruption kann möglicherweise durch Massen einfacher Systeme erreicht werden. Beispiel: Abwehrfähigkeiten von Marineschiffen gegen moderne Mittel der Luftkriegführung könnten durch überwältigende Massen relativ einfacher Flugkörper oder Drohnen überwunden werden.[126] Für Industrienationen mit großer Produktionskapazität stellt sich in der Tat die Frage, ob Verteidigung allein mit begrenzten Mengen teurer Hightech bewerkstelligt werden muss oder ob ergänzend auch größere Zahlen einfacher Systeme im Portfolio platziert werden müssen.

Disruption durch Wirkung ist eher nicht zu erwarten, wenn beide Seiten gleichermaßen auf den symmetrischen Einsatz von unbemannten Systemen setzen. Disruption kann aber entstehen durch mindestens temporäre Vorherrschaft im Cyberraum. Der Einsatz virtueller Wirkmittel kann potenziell deutlich verheerendere Wirkungen gegen vernetzte gegnerische Systeme erzielen als kinetische Angriffe (vgl. Kapitel 2.3.). Wenige Stunden Überlegenheit im Cyberraum können Kampfhandlungen entscheiden – und damit die Disruption erzeugen, die durch massenhaften symmetrischen Einsatz von unbemannten Systemen nicht erreicht werden kann. Dennoch sind technologische Symmetrie und der damit verbundene Beschaffungswettlauf nicht zu umgehen, und zwar aus mehreren Gründen:

- weil technologische Symmetrie grundsätzlich Vorbedingung für Durchhaltefähigkeit und Überleben einer Konfliktpartei ist
- weil subjektive Wahrnehmung von technologischer Symmetrie Voraussetzung ist für die Kampfmotivation der Soldaten
- weil technologische Symmetrie die ethische Voraussetzung schafft, den Einsatz von Leib und Leben von Bürgern einzufordern

Jedenfalls solange man keine alternative disruptive Technologie hat, die für mindestens mittelfristige – besser: langfristige – verlässliche

Überlegenheit auch gegenüber Massen von gegnerischen unbemannten Systemen sorgt.

Vor dem eigenständigen Einsatz unbemannter Systeme ohne Fernsteuerung steht stets die Sicherstellung eines für den militärischen Einsatz vertretbar geringen Maßes an Fehleranfälligkeit, um unerwünschte Risiken für die unbemannten Systeme selbst und ihre Umgebung zu vermeiden. Die in Kapitel 1.2. aufgeführten Beispiele zeigen die **Fehleranfälligkeit beim Einsatz automatisierter Systeme**. Die in Kapitel 1.3. angeführten aktuellen Limitierungen von künstlicher Intelligenz, neuronalen Netzen und maschinellem Lernen setzen aktuell klare Grenzen für deren militärische Verwendung. Aktuell ist teilweise oder zeitweilige Autonomie nur für Aufgaben mit sehr überschaubaren Regeln zuverlässig realisierbar, z. B. AlphaGo, Navigation, Niederhalten von gegnerischen Radaranlagen oder vergleichbar übersichtliche militärische Aufgaben wie die Verteidigung eines Camps. Die Steuerung bzw. mindestens die Überwachung der Systeme durch den Menschen ist nach wie vor unverzichtbar wegen der erwartbaren Komplexität der Situationen, z. B. bei der Überwachung von Küstengewässern (Protector) und erst recht beim Einsatz an Land (Platform-M). Zu den ohne menschliche Mitwirkung schwer lösbaren Aufgaben für Maschinen gehören aktuell das zuverlässige optische Detektieren getarnter gegnerischer Kombattanten und Ziele, die Unterscheidung Kombattant und Zivilist sowie die Unterscheidung Freund und Feind. Vollständig autonome Systeme im Sinne der Definition (vgl. Kapitel 1.1.5.) sind aktuell und wohl für absehbare Zeit technisch kaum realisierbar.

Zudem hat **militärische Führung** unabhängig von der Höhe in der Befehlskette ein grundlegendes Bedürfnis, den **Kampfplatz** möglichst ständig und detailliert zu überwachen und alle eigenen Aktionen genau dann auszulösen, wenn es optimale Wirkung verspricht. Nur so können zutreffende Lagebilder generiert, die notwendigen Entscheidungen im Fortgang jeder bewaffneten Konfrontation fundiert getroffen und alle eigenen Aktionen optimal gesteuert werden. Daraus folgt, dass die Eigenständigkeit von Systemen an konkreten Aufgaben orientiert und auf der Zeitschiene auch künftig sehr begrenzt sein wird – möglichst weitgehend mit dem „Man in the Loop" oder mindestens dem „Man on the Loop". Man darf daher die Prognose wagen, dass **Autonomie im obigen Sinne nur begrenzten Aufgaben und Zeiträumen vorbehalten** bleibt, wenn die Platzierung eines „Man on the Loop" technisch nicht mehr möglich ist, also in zeitlich begrenzten Phasen eines Einsatzes, z. B. während des finalen Zielanflugs eines Hyperschallflugkörpers, oder unter Störung durch den Gegner (vgl. Kapitel 2.1.5.). „Autonome Killerdrohnen" wird es auch künftig allein deshalb **nicht geben**, weil der Mensch weiterhin über Aktion und Zielzuweisung entscheidet oder mindestens Systementscheidungen korrigieren kann.

2.1.3. Verhältnis Soldat und unbemannte Systeme

Im Nahkampf am Boden ist es eine alte Erfahrung des Heeressoldaten seit den Anfängen der Panzerwaffe, dass man Panzer besser nicht ohne Begleitung durch Infanteristen einsetzt. Nicht nur am Boden, sondern ebenso in allen anderen Dimensionen des Einsatzes automatisierter Systeme wird es auch künftig nicht gänzlich ohne Soldaten gehen, die „ganz vorn" im Kampfgeschehen agieren. Das Fluten des Kampffeldes mit Technologie wird also nicht dazu führen, dass es im Kampf in vorderer Linie keine Soldaten mehr gibt. Es entstehen durch den Einsatz unbemannter Systeme für jeden einzelnen Soldaten in jedem Detail und jeder Situation eines Konflikts dramatische Veränderungen im Vergleich zu früheren Konflikten. Dabei kommt es auf die Differenzierung nach „automatisiert" oder „autonom" nicht an.

Bei der Verwendung unbemannter Systeme ergeben sich **Besonderheiten in der Konfrontation von Mensch und Maschine.** Unbemannte Systeme haben aktuell bereits einige Vorteile:

- kein Risiko von Tod und Verletzung eigener Soldaten bei Beschädigung oder Zerstörung des unbemannten Systems
- schnellerer OODA-Loop,[127] insbesondere wenn das System mit „Man on the Loop" oder „Man out of the Loop" arbeitet
- ermüdungsfreies Aufklären, Zerstören und Töten, solange Energie und Munition reichen
- mehr Ausdauer und taktische Beweglichkeit unbemannter Systeme, wie sich insbesondere bei unbemannten U-Booten zeigt, ebenso aber bei künftig denkbaren unbemannten Jagdflugzeugen, deren Beschleunigung, Steigfähigkeit und Wendigkeit keine Rücksicht nehmen muss auf die Obergrenze des Menschen beim Ertragen der G-Kräfte[128]
- keine Konzentrationsschwächen und keine Emotionen

Die Ausdauer und Beweglichkeit unbemannter Systeme wird nicht durch Rücksicht auf darin befindliche Menschen begrenzt. Das ist verstärkt relevant für fliegende Systeme, insbesondere müssen unbemannte Kampfflugzeuge in ihrer taktischen Beweglichkeit nicht auf das für den Menschen verträgliche Maß an Be- und Entschleunigung limitiert werden. Auch unbemannte schwimmende bzw. tauchende Einheiten und landgebundene Fahrzeuge werden in Sachen Beweglichkeit und Einsatzdauer Vorteile gegenüber bemannten Systemen ausspielen können. Technik und Maschinen sind schon immer ein Mittel zur Herstellung von Überlegenheit – hier liegt ein wesentlicher Treiber für die technische Entwicklung. Mit dem Aufkommen unbemannter Systeme wird der Prozess beschleunigt und erhält quantitativ und qualitativ eine neue Dimension. Mit fortschreitender Entwicklung ist eine Vergrößerung des Abstands der Leistungsfähigkeit, der Entscheidungsschnelligkeit und der Ausdauer zwischen Mensch und Maschine zugunsten der unbemannten Systeme zu erwarten. Das muss und wird einschneidende Konsequenzen haben auf den Einsatz des Menschen in der Kampfzone. Unbemannte Systeme ermöglichen den weitgehenden – nicht vollständigen – Rückzug von Soldaten aus der vorderen Schusslinie nicht nur, sie erzwingen ihn regelrecht.

Sicher wird ein Ausgleich durch Distanzwaffen erfolgen – denn der gegnerische Soldat ist auch künftig ein wichtiges Angriffsziel. Typische Risiken des Soldatenberufs verändern sich jedoch qualitativ und quantitativ mit dem zunehmenden Gebrauch unbemannter Systeme.

2.1.4. Man-Machine-Teaming

Neben den unbemannten Systemen, die ferngesteuert, automatisiert oder autonom agieren, wird es zunehmend Modelle der Verbindung von Mensch und Technik geben: Man-Machine-Teaming.

Dies ist für das Heer zwingend notwendig, um das Leistungsgefälle vom unbemannten System zum Soldaten abzumildern. Der Infanterist der Zukunft[129] ist nur der Anfang. Die Technisierung des einzelnen Kombattanten wird Züge annehmen, die dem einzelnen Soldaten Wahrnehmungs- und Handlungsmöglichkeiten einräumen, die bis zum Beginn des 21. Jahrhunderts gänzlich undenkbar waren und weit über das hinausgehen, was bisher etwa durch Nachtsichtgeräte ermöglicht wurde. Man-Machine-Teaming wird in großer Variantenvielfalt auftreten.[130] Dabei ist die Drohne als zusätzliches Auge (z.B. Black Hornet, siehe Kapitel 1.2.1.) oder eine vorstellbare größere Variante mit Sprengmitteln nur eine mögliche Ergänzung in der Ausrüstung des Infanteristen. Sogenannte Exoskelette erweitern Ausdauer und Tragfähigkeit des Soldaten und ermöglichen so z.B. am Körper getragene Panzerung im Einsatz.[131] Angesichts der erwartbar wachsenden Vielfalt und Zahl der Ausrüstungsgegenstände müssen Digitalisierung und damit verbunden Miniaturisierung dazu beitragen, das Gewicht des Marschgepäcks zu begrenzen und vor allem die Komplexität beim Gebrauch der Komponenten zu reduzieren.

Für die Luftwaffe zeichnet das Projekt Future Combat Air System (FCAS, vgl. Kapitel 1.2.1., Nr. 8) einen anderen Weg zum Man-Machine-Teaming vor. Es stellt sich aber die Frage, weshalb für solch ein System überhaupt eine bemannte Komponente benötigt wird, wenn der Pilot unvermeidlich in einer Art „Technosphäre" (vgl. Kapitel 1.4.4.) agiert und in allen seinen Wahrnehmungen auf technische Systeme und Datenübertragungen angewiesen ist. Angesichts zunehmender Komplexität und anwachsenden Tempos des Kampfgeschehens – Stichwort Hyperschallwaffen – bietet es sich eher an, für das System ein Pilotenteam am Boden zu haben, das dann eine größere Zahl unbemannter Systeme führt.

2.1.5. Unbemannte Systeme und elektronische Kampfführung (EloKa)

Die Kampfführung in mehreren Dimensionen, die anwachsenden Datenmengen für den Lagebildaustausch und die zunehmende Nutzung unbemannter Systeme lässt die Bedeutung eines seit dem Zweiten Weltkrieg klassischen Kampfmittels im 21. Jahrhundert weiter steigen: die elektronische Kampfführung (EloKa). Eines ihrer Kernelemente ist neben der Täuschung des Gegners u. a. die Unterbindung des gegnerischen Funk- und Datenübertragungsverkehrs. Unter der Einwirkung von Maßnahmen der EloKa ist Fernsteuerung von unbemannten Systemen keine durchgängig verlässliche Option – unabhängig davon, ob diese fahren, schwimmen, tauchen oder fliegen, müssen die Systeme über die Fähigkeit zur eigenständigen Operation im Modus „Man out of the Loop" verfügen, um Eigensicherung zu betreiben, ihren Auftrag zu erfüllen und zur Ausgangsbasis zurückkehren zu können. Jede Konfliktpartei, die unbemannte Systeme im Konflikt einsetzt, wird sicherstellen wollen und müssen, dass eingesetzte Maschinen auch unter gegnerischen Maßnahmen der EloKa weiterhin einsatzfähig bleiben, zumindest aber dem Gegner nicht in die Hände fallen. Das ist nur durch mindestens zeitweise vollständig automatisierte Aktionsfähigkeit der eingesetzten Maschinen zu gewährleisten. Es braucht keine Autonomie im Sinne von Entscheidungsfreiheit des Systems über Ob und Was eines Einsatzes, weil die Einsatzziele und Rules of Engagement vorab in jedem einzelnen unbemannten System intern gespeichert werden können. EloKa wird aber im Ergebnis absehbar ein entscheidender Treiber für die Entwicklung von Systemen mit mehr Eigenständigkeit zur situationsgemäßen Anpassung sein – eine Autonomie im Sinne von Kapitel 1.1.5. braucht es dazu aber nicht.

2.1.6 Cyberraum und bewaffneter Konflikt

Wissen und Verständnis für die Besonderheiten des Cyberraums und eine Mischung aus Vertrauen und Misstrauen in digitale Systeme und die von ihnen generierten und transportierten Informationen werden angesichts der Manipulierbarkeit von Informationen zu den vornehmsten Eigenschaften des Soldaten im 21. Jahrhundert – es braucht „information survival skills".[132]

Auf das Konzept des Kampfes der verbundenen Waffensysteme unter dem Stichwort „Joint Operations" folgt als dessen Weiterentwicklung das Konzept der **Multi-Domain-Operations",** vernetzte Kriegführung mit Informationsteilung auf allen Ebenen und agilen Führungssystemen, der Weiterentwicklung von Ausbildung und Führungsfähigkeiten von Soldaten, der nochmals intensivierten Nutzung von Technologie und Erhöhung der Resilienz der Streitkräfte als System.[133] Die Vernetzung selbst wird zur stärksten Waffe und zugleich zur Achillesferse. Das genaue Aussehen der Multi-Domain-Operations ist aus Sicht der Soldaten an der vorderen Kampflinie vom Infanteristen bis zum Jetpiloten noch lange nicht bis zum operativen Ende durchdacht. Absehbar ist eine fortschreitende Komplizierung der Kriegführung, die künftig für jeden Soldaten zu einer Art mehrdimensionalem „Battle Chess" mutiert.[134]

Es bleibt nicht allein beim Stören des gegnerischen Funkverkehrs oder Radars, beim Tarnen und Täuschen sowie beim Desinformieren und Abfangen von Informationen. Die Wirkmittel des Cyberraums lassen über die Vernetzung eine mittelbare **Einwirkung auf alle vernetzten realen Kampfsysteme mit physischer (Zerstörungs-)Wirkung** zu. Stuxnet ist nur ein Beispiel für die unendlich vielfältigen vorstellbaren Optionen.

Die komplette Herrschaft über Sicherheit und Informationsflüsse im Cyberraum ist künftig Vorbedingung für militärische Dominanz, sie bedeutet:

- die Systeme des Gegners durch den Cyberraum attackieren und zugleich die entsprechenden Angriffe des Gegners abwehren zu können
- die eigene richtige Information an die eigenen Systeme und Soldaten ungehindert transportieren zu können – und zeitgleich den Gegner genau daran zu hindern
- das Kompromittieren von Information durch den Gegner zu unterbinden und zugleich dessen Informationsflüsse zu kompromittieren

2.1.7. Führung in den Streitkräften des 21. Jahrhunderts

Anhand der seegestützten Luftverteidigung lässt sich erläutern, wie sich militärische Vorgehensweisen und mit ihnen die Strukturen weg von Informationshierarchien hin zu Netzwerken entwickeln.

Die seegestützte Luftverteidigung sieht sich großen Herausforderungen ausgesetzt durch größere Gefechtsentfernungen, höhere Anfluggeschwindigkeiten (Hyperschall) und Mengen eingesetzter Flugkörper und Drohnen bis hin zu Schwärmen.[135] Angreifende Systeme werden überwiegend kleiner, schneller und smarter, wenn es um Täuschen und Ausweichen geht.[136] Bisher gilt, dass jedes einzelne Schiff oder Aufklärungsflugzeug „sein" Lagebild erzeugt und dieses dann teilt. Das Gesamtlagebild entsteht durch elektronischen Austausch und manuelle Bearbeitung, um die bei der Übertragung zwischen den jeweiligen Führungs- und Waffeneinsatzsystemen einzelner Einheiten zuweilen entstehenden Übertragungsfehler auszumerzen. Vernetzte Operationsführung der Zukunft bedeutet einen Austausch, ein gemeinsam durch eine Vielzahl von Einheiten und Sensoren erzeugtes und dann geteiltes Gesamtlagebild.[137] Vernetzung ist schon deshalb geboten, weil die Sensoren einer Einheit nur einen Teil des gesamten relevanten Gefechtsfeldes erfassen können. Die Reaktionszeiten schrumpfen wegen kleinerer Radarsignaturen und höherer Anfluggeschwindigkeiten trotz größer werdender Gefechtsentfernungen. Deshalb ist ein wachsendes Maß an Automation von der Detektion (Observe) über die Einordnung in das Lagebild (Orient), die Entscheidung (Decide) und den Einsatz der Wirkmittel (Act) gefordert.[138] Wo heute noch Prozesse mit dem „Man in the Loop" stattfinden, wird der Soldat des Tempos wegen zum „Man on the Loop".

Hinsichtlich der **Art des militärischen Führens** im militärischen Einsatz braucht es demgemäß einen Entwicklungsschub. Das Führen durch Auftrag unter Vermittlung des jeweils aktuellen Lagebildes ist vertraut und kann weiterentwickelt werden, um den Ansprüchen der zunehmenden Digitalisierung zu genügen. Das ist kein neuer Prozess: Der Vorläufer des Internet, das ARPANET, entstand genau aus dem Grund, Informationen und Lagebilder zwischen militärischen Einheiten auszutauschen. An die Führung von Streitkräften als Gesamtheit und die Führung von Einheiten, Soldaten und Systemen stellt das Kampffeld des 21. Jahrhunderts jedoch auch gänzlich neue und nie dagewesene Ansprüche. Die Ausbildung von Soldaten mit Führungsverantwortung muss daran angepasst werden. Grundsatzfragen, die an den Grundfesten hergebrachter militärischer Strukturen rütteln, sind zu stellen:

- Wie viel hierarchische Entscheidungsmacht ist geboten?
- Wie viel Informationsaustausch (über das Lagebild, das alle sehen, hinaus) und Dialog im Team über Hierarchieebenen hinweg wird notwendig?
- Wie festgefügt werden Einheiten im Kampf sein? Oder anders gefragt: Sind die strukturellen Einheiten auch die Einheiten im Kampf? Oder entstehen rund um die jeweilige militärische Aufgabe „Scrums" aus Soldaten diverser struktureller Einheiten, die kurzfristig zusammengewürfelt agieren müssen und sich ihren „Scrum-Master" weniger nach Hierarchie, sondern eher nach der gerade vorrangig benötigten fachlichen Expertise aussuchen? Kann

das aus dem Sport stammende und in der zivilen Wirtschaft adaptierte Prinzip des „Scrum"[139] auf das Militär übertragen werden?
- Was bedeutet das für die Ausbildung und das Training jedes Soldaten vom Mannschaftsdienstgrad bis zum Stabsoffizier?

Bei den oben beispielhaft aufgeführten, existierenden militärischen Systemen handelt es sich um Waffen und Waffensysteme, mithin um Bestandteile einer größeren militärischen Struktur. Und in den vorangegangenen Überlegungen geht es primär um die Lösung einzelner militärischer Aufträge.

Die derzeit im Raum stehenden Entwicklungen im Bereich Quantenrechner und künstliche Intelligenz lassen es aber darüber hinaus als naheliegend erscheinen, dass man künftig Informationstechnologie nicht mehr allein zur Generierung und Aufbereitung von Lagebildern oder zur Errechnung und Steuerung von taktischen Maßnahmen wie bei einem Führungs- und Waffeneinsatzsystem oder einem Aegis-System nutzt, sondern als Entscheidungshilfe zur Vorbereitung komplexer strategischer Entscheidungen. Stabsarbeit auf höheren Ebenen würde sich hierdurch deutlich verändern, insbesondere muss dann eingehend das Verhältnis von Soldat und Maschine und das Thema der Kommunikation zwischen Soldat und Maschine betrachtet werden.

2.1.8. Mensch weiterhin Primärziel im bewaffneten Konflikt

Im Saldo bedeutet der zunehmende Einsatz unbemannter Systeme nicht, dass künftig „Roboterarmeen" die Konflikte ohne Einbeziehung von Menschen „unter sich ausmachen". Der Mensch ist weiter primäres Ziel von Gewalt im Krieg.

Zwar sind alle eingesetzten Systeme ein vordergründig wichtiges militärisches Ziel. Aber der Mensch ist deshalb noch lange nicht herausgenommen aus dem Konflikt. Primärziel jedes Krieges ist nicht allein die militärische Organisation des Gegners, sondern das Niederringen des gegnerischen Staates oder der nichtstaatlichen Organisation selbst, damit stehen die Menschen, die in Summe diese Entitäten bilden, im Fokus. Zudem brauchen auch unbemannte Systeme Menschen als Erfinder und Produzenten, Bedienpersonal, Logistiker und Instandhalter. Selbst der massenhafte Einsatz unbemannter Systeme erzeugt daher keine „Army of None"[140], wie man vielleicht gern folgern wollte. Wer „Roboterarmeen" bekämpfen muss, muss letztlich die hinter diesen stehenden Menschen – Soldaten und Zivilisten – außer Gefecht setzen. Die Trennung des Aufenthaltsortes von Systemen und „ihren" Soldaten führt allerdings zu einer Vermehrung der militärischen Ziele, weil sowohl die Systeme als auch die dahinter agierenden Soldaten bekämpft werden müssen. Der Einsatz unbemannter Systeme durch den Gegner erhöht den notwendigen Aufwand zur Kampfführung.

Weil der Mensch letztlich das primäre militärische Ziel bleibt, ist kein neues „Zeitalter der Kabinettskriege"[141] zu erwarten, obwohl die bisher bekannten Cyberattacken auf staatliche Ziele oberflächlich betrachtet genau diesen Eindruck erwecken. Möglicherweise entsteht dadurch die nur vordergründig absurde Situation, dass manche Konfliktpartei gerade im Jahrhundert der technologischen Revolution verstärkt den Einsatz von biologischen Waffen erwägen wird – spätestens wenn die militärischen oder technologischen Mittel zur Beeinflussung der politischen Willensbildung, der Durchhaltefähigkeit der Bevölkerung des Gegners oder der Hemmung bzw. der Unterbindung der gegnerischen Produktion von Waffensystemen nicht die angestrebte Wirkung erzielt haben.

2.2. Unbemannte Systeme in Spannungssituationen

In Spannungssituationen, Krisen und nicht formell erklärten auf kleiner Flamme schwelenden Konflikten bedingen politische und diplomatische Ziele und Notwendigkeiten eine sorgfältig abgewogene

Limitierung des Gebrauchs militärischer Demonstrationen und militärischer Gewaltanwendung. Einige der oben aufgeführten Systeme, etwa Aegis, Patriot oder MQ-9, haben in solchen Situationen schon praktische Relevanz erlangt.

Unbemannte Systeme sind geeignet, in Spannungssituationen oder unerklärten begrenzten Konflikten risikoreiche Missionen zu übernehmen (Dangerous, Dull and Dirty Missions) und zugleich Risiken für anhaltende diplomatische Verwicklungen zu vermindern. So etwa wären Operationen von kleinen unbemannten Speedbooten zum Schutz des Seeverkehrs im Persischen Golf denkbar,[142] insbesondere auf den letzten nautischen Meilen vor den Häfen des Irak, wo bisher bemannte Boote eingesetzt wurden. Das Risiko, dass eingesetzte Soldaten in die Hände regionaler Mächte wie des Iran geraten, ist dann von vornherein ausgeschlossen. In der Vergangenheit hat es mehrere Übergriffe iranischer Streitkräfte auf britische Boote gegeben, so etwa 2004 und 2007, als britische Soldaten jeweils mehrere Tage vom Iran widerrechtlich festgehalten wurden.[143] Technisch realisierbar ist schon heute der Einsatz von Booten wie Protector von Schiffen aus, auf denen sowohl die das Boot fernsteuernden Soldaten als auch die Wartungstechniker untergebracht werden können.

Der Einsatz von unbemannten Systemen kann jedoch gerade wegen ihrer geringen Kosten und der Vernachlässigbarkeit ihres Verlustes die Risikobereitschaft erhöhen und damit Spannungen verstärken. Nur eines unter mehreren anschaulichen Beispielen: Die Inselgruppe der Senkaku-Inseln bzw. Diaoyu-Inseln im Ostchinesischen Meer ist zwischen Japan und der VR China umstritten. Zwischenfälle mit Überwasserschiffen wiederholen sich seit Jahren. 2013 ließ die VR China eine Drohne über die Senkaku-Inseln fliegen. Die japanischen Streitkräfte ließen ein Kampfflugzeug aufsteigen, die Drohne wurde zurückbeordert. Japan formulierte seine Rules of Engagement für solche Zwischenfälle deutlich aggressiver und verkündete, unbemanntes Fluggerät künftig abschießen zu wollen. Die VR China kündigte umgehend an, solches Verhalten als Kriegshandlung ansehen zu wollen.[144] 2018 drang erstmals ein chinesisches U-Boot in die Gewässer um die Inseln ein – eine neue Eskalationsstufe.[145] Daran wird erkennbar, dass unbemannte U-Boote für solche provokativen Risikoeinsätze neue Optionen bieten.

Der Einsatz von autonomen Systemen – also „Man out of the Loop" – durch beide Seiten in einer Spannungssituation könnte wegen geringer Reaktionszeiten sehr rascher OODA-Loops und entsprechender Ausklammerung des Menschen aus den Entscheidungsabläufen der Systeme im Extremfall theoretisch zu einer Art von „Flash War" führen. Denkbar wäre das wohl weniger beim „Fingerhakeln" um umstrittene Territorien, umso mehr aber beim Schutz des Kerngebietes eines Staates gegen Flugkörperangriffe. Allerdings könnte die angreifende Seite den vollautomatischen Abschuss von Flugkörpern jedenfalls nicht als Legitimation für weitere Angriffe nutzen. Es ist aber kaum absehbar, dass Streitkräfte jemals die Oberaufsicht über ihre Systeme aufgeben. Der „Man on the Loop" wird zwingend zum Standard und kann selbst bei sehr schnell agierenden Systemen wenn nicht für Schadensverhinderung so doch noch für Schadensbegrenzung sorgen.

Der Fernsteuerung und der Programmierung für eigenständigen Vollzug von Aufgaben kommt wegen der politisch-diplomatischen Folgen von Fehlleistungen eine besondere Bedeutung zu, die über den Einsatz als solchen hinausreicht. Die besondere Sensibilität solcher Situationen macht den Vorbehalt der grundlegenden Entscheidungen über das Ob einer Anwendung militärischer Gewalt absolut zwingend. Darin unterscheidet sich die Spannungssituation klar vom bereits laufenden bewaffneten Konflikt. Systeme sind heute noch weit entfernt von der Fähigkeit, Kontext, Nutzen und Risiken abwägen zu können. Wann sie diese Fähigkeit auch nur ansatzweise erlangen könnten, steht in den Sternen. Man muss sich aber über eines klar sein: Eigenständig agierende Maschinen bringen das Problem der Fehlleistung nicht erstmals in die Welt, und sie beanspruchen es keineswegs exklusiv für sich. Auch die in einer Spannungssituation agierenden Politiker und noch so gut geschulte und informierte Soldaten sind vor Fehlern nicht gefeit – unabhängig davon, ob sie automatisierte Systeme nutzen oder nicht. Und Soldaten können durch sich überschlagende Ereignisse, die die Geschwindigkeit der Kommunikation in der Befehlskette oder im „Scrum" übertreffen, in Entscheidungszwänge geraten. Die durch Einsatz automatisierter oder autonomer Systeme schnelleren OODA-Loops[146] der jeweiligen Gegenseite könnten den Vorbehalt des Entscheids durch Menschen in manchen Situationen selbst zum Risiko werden lassen.

2.3. Die eigentliche Revolution: Krieg im Cyberraum und multiple Formen hybrider Kriegführung

Der Cyberraum eröffnet schon aktuell eine überwältigend große und täglich wachsende Menge von defensiven und offensiven Handlungsoptionen. Er verwischt die Grenzen zwischen militärischer und ziviler Welt. Der Cyberraum ermöglicht gänzlich neue Formen kriegerischer Gewalt. Die Landes- und Bündnisverteidigung der Zukunft wird daher eine gemischte militärisch-zivile „Gesamtverteidigung" sein müssen.[147] Dem begegnet die Bundesrepublik Deutschland u. a. mit der Gründung der „Agentur für Innovation in der Cybersicherheit" unter gemeinsamer Aufsicht der deutschen Bundesministerien des Innern und der Verteidigung, um innovative Lösungen für die Cybersicherheit von Staat, Wirtschaft und Bürgern voranzutreiben.[148]

2.3.1. Cyber-Operationen in der Krise: Kalter Krieg mit Wirkung

Der Cyberraum eröffnet schon vor einem völkerrechtlich erklärten Konflikt in einem Zustand des „Kalten Krieges" die Option der Erzielung verheerender Wirkung buchstäblich aus dem Nichts – unter vorher nie dagewesener Möglichkeit der Verschleierung des Urhebers.

Eingriffe in die vernetzten Systeme des Gegners z. B. zur Unterbrechung von Kommunikation oder Stromversorgung, Störung des Bankensystems, Störung der Wirtschaftstätigkeit, Desinformationskampagnen zur Beeinflussung von politischen Entscheidungen oder Zersetzung des Zusammenhalts ganzer Gesellschaften. Oder, wie der Chef des russischen Generalstabs Waleri Gerassimow öffentlich formuliert hat, nicht mehr physische Zerstörung des Gegners ist das Ziel, sondern innere Zersetzung eines fremden Staates und seine Unterwerfung unter den eigenen politischen Willen.[149] Chinesische Offiziere formulierten schon 2015 zu diesem Zweck die passende Vorgehensweise unter dem Titel „Unrestricted Warfare" mit einer Kombination aus militärischen und zivilen Mitteln. Neben dem militärischen Angriff bringt man das Finanzsystem des Gegners mittels vorher gehorteten Fremdwährungskapitals zum Zusammenbruch und greift gleichzeitig sämtliche kritischen zivilen und militärischen Cybernetzwerke an, um einen raschen Zusammenbruch der Kriegsfähigkeit des Gegners zu erreichen.[150] Den Chinesen kämen für solch einen Plot die enormen in Staatshand angehäuften Devisenmengen zustatten und die überwältigende Anzahl (informations-)technologisch gut ausgebildeter Menschen. Hilfreich wäre aus chinesischer Sicht sicher auch eine Ausstattung europäischer 5G-Funknetzwerke mit chinesischer Technologie. Das Konzept ist nichts anderes als eine Art „Cyber-Blitzkrieg".[151]

In jedem Fall verdeutlichen die russischen und chinesischen Konzepte – deren veröffentlichte Teile sicher nur die weichgespülten Varianten darstellen – Überlegungen, wie dramatisch der Wandel der Kriegführung im 21. Jahrhundert werden wird. Offensive Aktionen waren bisher allein Streitkräften vorbehalten. Jetzt erfolgt die Übertragung des Prinzips der hybriden Kriegführung in die „Grand Strategy". Ziel ist das Brechen des Widerstandswillens des Gegners bzw. das Unterbrechen des Funktionierens seines politischen und wirtschaftlichen Systems. Das wird nicht mehr zwingend über rein militärische Mittel erstrebt, sondern via Informationstechnologie in nie dagewesener

Schnelligkeit. Die Strategie zielt auf die Nutzung der Empfindlichkeiten und den Hang zu Stimmungsschwankungen insbesondere westlicher Demokratien. Deren digital unterlegte Effizienz wird zum Hauptkampfmittel potenzieller Gegner. Militärische Auseinandersetzungen und gar Eroberung von fremden Territorien erscheinen aus dem Blickwinkel der Wirkmöglichkeiten der neuen „Cyberkrieger" geradezu als umwegig. Dennoch muss man sich hüten, die Eroberung fremden Territoriums künftig als Kriegsziel potenzieller Gegner auszuschließen. Grenzverletzungen haben vielmehr wieder Konjunktur: Beispiele sind u. a. Georgien, Krim, Ukraine.

Es handelt sich um **neue Formen kriegerischer Gewalt**, die seit Jahren in Permanenz ausgeübt wird.[152] Das ist nicht mit dem Kräftemessen und Wettrüsten des Kalten Krieges bis 1989 vergleichbar, mit einer wesentlichen Differenzierung: Es sind gezielte und wirksame Attacken aus der Cybersphäre in die materielle Welt, die nicht nur drohen, sondern Sachen und Werte zerstören und Menschen töten (können). **Kalter Krieg mit Wirkung** – dem man nicht nur direkte materielle, sondern auch nachhaltige kognitive Auswirkungen auf angegriffene Staaten, Volkswirtschaften und Gesellschaften zuspricht.[153] Die gegnerischen Fähigkeiten zu Operationen im Cyberraum müssen daher ständig aufgeklärt, abgewehrt und gegebenenfalls auch attackiert werden können.

2.3.2. Cyber-Operationen im Krieg: Wettlauf um Informationsherrschaft und hybride Kampfführung

Sämtliche digital vernetzten Infrastrukturen inklusive der Versorgung mit Strom oder Trinkwasser sind mit Cybermitteln angreifbar. Ein neues Kürzel, dem bekannten WMD nicht unabsichtlich ähnlich, steht daher neuerdings auch für „Weapons of Mass Disturbance" (WMDi).[154] Nationen, die den Geldverkehr mit Bargeld abgeschafft haben, haben keinerlei Ausweichoption mehr (abgesehen von Fremdwährungen), wenn der bargeldlose Zahlungsverkehr durch Cyberattacken unterbrochen ist. Im Zeitalter der reduzierten Vorratshaltung führen Unterbrechungen der Versorgung mit Waren und Leistungen rasch zum Zusammenbruch der militärischen Verteidigungsfähigkeit. Für die Sicherheit entscheidend ist also der Schutz der Arbeitsfähigkeit von kritischen Infrastrukturen und im Fall des Durchbrechens der digitalen Verteidigung die schnelle Wiederherstellung.[155]

Kriege – Konflikt ist hier euphemistisch – können und werden schon längst mit nicht-militärischen Mitteln geführt, wie an Beispielen deutlich wird. Prominente Fälle waren der Angriff u. a. auf Regierungsserver und auf das Bankensystem in Estland 2007[156] und Stuxnet 2010. Der Hackerangriff des russischen Militärgeheimdienstes GRU auf den deutschen Bundestag 2015 führte zur irreversiblen Unbrauchbarmachung Tausender PCs, die nur noch ersetzt werden konnten.[157] Eine noch größere Schadensdimension hatte 2017 die Attacke „NotPetya". Keine physischen Zerstörungen, aber finanziell folgenreiche Unterbrechungen von logistischen Abläufen, Schäden verteilt auf viele geschädigte Unternehmen und Staaten, Gesamtschaden geschätzt etwa zehn Milliarden US-$ – das alles allein durch Unterbrechung von digitalen Vorgängen.[158] Cyberattacken können Wirtschaft und Staaten in ihrer Existenz gefährden. Mit den genannten Angriffen hat Russland demonstriert, wie es sich die Umsetzung seiner Doktrin der inneren Zersetzung anderer Staaten vorstellt. Die Sicherheitspolitik jedes Staates muss hierauf Antworten finden, die Folgen von Nachlässigkeiten in der Fähigkeit zur Cyberkriegführung können tödlicher sein als Vernachlässigung der eigenen Streitkräfte.

Der Cyberraum eröffnet eine auf IT gestützte neuartige Hybridisierung der Kriegführung, im Visier steht die komplette staatliche Struktur, die Wirtschaft, die Daseinsvorsorge und die Gesellschaft des Gegners. Es verbietet sich, diese Form des Kriegs zu unterschätzen. In der vernetzten Struktur können Angriffe auf die Stromversorgung zum Zusammenbruch der Daseinsvorsorge führen und tödliche Folgen für Menschen haben.

Im Cyberraum tobt bereits heute der **Wettkampf um die Informationsvorherrschaft.** Aus militärischer Sicht lautet das erste Ziel, die Verfügbarkeit der eigenen Systeme und die Integrität und Vertraulichkeit der darin gewonnenen und kommunizierten Informationen gegen gegnerische Eingriffe zu schützen. Das zweite Ziel ist die Option des Eingriffs in den Cyberraum des Gegners, um Information zu gewinnen und zu Täuschungszwecken zu manipulieren. Die gegnerischen Fähigkeiten zu vernetzter Operation müssen ständig aufgeklärt und gegebenenfalls auch attackiert werden können. Dabei wird die „prinzipiell eingeschränkte Nachvollziehbarkeit und Täuschbarkeit maschinell gewonnener Informations- und Automatisierungsassistenz"[159] zum Problem für die Herrschaft des Soldaten über sein System.

Künstliche Intelligenz ist der Schlüssel für Angriff und Verteidigung im Cyberraum – Mayhem ist nur ein Beispiel. Die eingesetzten virtuellen Mittel (Software) werden zunehmend mit Elementen der KI ausgestattet sein, die es Spionage-, Verteidigungs- und Schadprogrammen ermöglichen, mit einer dem Menschen nicht erreichbaren Geschwindigkeit dazuzulernen und sich an schnell verändernde Herausforderungen anzupassen.[160] Angesichts der begrenzten Anzahl von im IT-Bereich qualifizierten Menschen in EU bzw. NATO[161] ist ein technologischer Sprung hin zur Entwicklung und vermehrten Nutzung künstlicher Intelligenz wohl die einzige Option, gegenüber bevölkerungsreichen Staaten wie China überhaupt mithalten zu können.

Es sind aber nicht Digitalisierung und Cyberraum allein. In bewaffneten Konflikten wird zunehmend auf **neue vielfältige Formen hybrider Kriegführung** zurückgegriffen werden. Dabei sind den Kombinationen der Mittel kaum Grenzen gesetzt, die fünf „Revolutions in Military Affairs" werden sich in vielfältigen Formen in Konflikten wiederfinden (vgl. Kapitel 1.2.1.). Nicht nur mittels der unendlichen Optionen des Cyberraums (siehe Kapitel 2.3.), sondern auch ganz analog: Terroranschläge à la 9/11, „grüne Männchen" in der Ukraine, private Söldnerunternehmen im Irak oder in Syrien und Libyen, zukünftig vielleicht sogar wieder maritimer Handelskrieg durch „Privateers" mit Kaperbrief.[162] In der Anwendung digitaler Technologien – künstliche Intelligenz kombiniert mit Quantum Computing – liegt für Staaten die Option, die eigenen Möglichkeiten vor allem im hybriden Cyberkrieg auszuweiten. Künstliche Intelligenz und Quantum Computing geben Staaten auch wieder Gelegenheit, einen der Sicherheit dienlichen Abstand zur Leistungsfähigkeit gegenüber nichtstaatlichen Akteuren herzustellen.[163]

Im Fokus hybrider Kriegführung steht nicht die Militärmacht des Gegners. Im Fokus stehen die zivilen „Centers of Gravity" (CoG): politische Führung, Wirtschaft und Versorgung, Zivilbevölkerung. Deren Verteidigungspotenzial zu unterminieren und den Verteidigungswillen zu brechen wird das Ziel digitaler und analoger Mittel hybrider Kriegführung sein. Westliche Gesellschaften müssen sich über die Gefahren hybrider Kriegführung bewusst werden, um die Voraussetzungen für Resilienz zu entwickeln. Resilienz also gegen Strategien der Zersetzung fremder Staaten, Ökonomien und Gesellschaften und deren Unterwerfung durch Brechung der Verteidigungsfähigkeit und des Verteidigungswillens (vgl. Kapitel 2.3.1.). Verteidigungsfähigkeit ist eine Sache der gesamten Gesellschaft eines Staates.[164] Hybride Kriegführung kann in Grauzonen stattfinden und beinhaltet Mischformen aus politisch-diplomatischen, geheimdienstlichen, propagandistischen, digitalen und militärischen Mitteln – und entfaltet ihr Gefahrenpotenzial, gerade weil sie unter der Schwelle zu völkerrechtlich klar abgrenzbaren Konfliktformen bleiben kann. Militärisch überlegene Gegner können so bezwungen werden – auch unter Nutzung von deren rechtlichen und ethischen Selbstbeschränkungen.[165] Hybride Kriegführung wird nicht nur ein Mittel kleiner Konfliktparteien sein. Insbesondere Russland beweist, dass es auch für große Militärmächte ein Mittel der Wahl sein kann.

Auf dem militärischen Kampfplatz offeriert der Cyberraum disruptive Wirkung. Die eingesetzten vernetzten militärischen Systeme – egal ob bemannt oder unbemannt – können in Zukunft durch Wirkmittel aus dem Cyberraum mehr gefährdet sein als durch kinetische Waffen. Die unvermeidliche Vernetzung sämtlicher Systeme, Informations- und Entscheidungsprozesse lädt dazu ein, **Massenwirkung gegen die technologische Ausrüstung gegnerischer Streitkräfte über die virtuelle Welt zu erzeugen.** Es ist absehbar, dass Schadprogramme in manchen Situationen wirksamer sein können als massierter Einsatz von Flugkörpern oder Artilleriemunition. Daher müssen Fähigkeiten von Streitkräften zur Lowtech-Kriegführung zwingend erhalten bleiben – übrigens auch schon deshalb, um nicht von einem im Lowtech-Bereich starken Gegner unterlaufen zu werden.[166]

3. VÖLKERRECHT, UNBEMANNTE SYSTEME UND CYBER-OPERATIONEN

Entstehen durch Gebrauch im Frieden und durch Einsatz unbemannter Systeme in Krisen und bewaffneten Konflikten neue Situationen, die eine rechtlich besondere Behandlung im Vergleich zu bemannten Systemen erfordern?

3.1. Seerechtsübereinkommen (UNCLOS III) und unbemannte Systeme

3.1.1. Unbemanntes Überwassersystem gleich Kriegsschiff i. S. v. Artikel 29 UNCLOS III?

Für die erste beispielhaft ausgewählte völkerrechtliche Fragestellung wird ein maritimes Objekt herangezogen. Für Seestreitkräfte entsteht schon außerhalb von Einsätzen eine rechtlich relevante Frage, nämlich danach, wie Seefahrzeuge ohne Besatzung rechtlich einzuordnen sind, nämlich als Kriegsschiffe oder alternativ als sonstige Staatsschiffe, die anderen Zwecken als dem Handel dienen. Die United Nations Convention on the Law of the Sea (UNCLOS III) von 1982,[167] im Deutschen „Seerechtsübereinkommen", unterscheidet die beiden Kategorien durch differenzierte Befugnisse und Auflagen etwa bei der friedlichen Durchfahrt durch fremde Hoheitsgewässer. Zudem folgen differenzierte Befugnisse von Küstenstaaten gegenüber diesen Arten von Fahrzeugen. Küstenstaaten können von Kriegsschiffen, die sich nicht an die rechtlichen Regeln des Küstenstaates halten, verlangen, die Hoheitsgewässer sofort zu verlassen (Art. 30 UNCLOS III). Gegenüber allen sonstigen Schiffen können Küstenstaaten die notwendigen Maßnahmen ergreifen, um eine mit den nationalen Rechtsregeln nicht konforme Durchfahrt zu verhindern (Art. 25 Abs. 1 i.V.m. Artikel 17 UNCLOS III), bis hin zur gewaltsamen Durchsetzung der eigenen Rechtsposition. Ist der Status eines Seefahrzeugs als Kriegsschiff umstritten, wird der Umfang der zulässigen Maßnahmen des Küstenstaates zum Streitgegenstand.

Artikel 29 UNCLOS III definiert Kriegsschiffe:

> „For the purposes of this Convention, „warship" means a ship belonging to the armed forces of a State bearing the external marks distinguishing such ships of its nationality, under the command of an officer duly commissioned by the government of the State and whose name appears in the appropriate service list or its equivalent, and manned by a crew which is under regular armed forces discipline."

Maritime Drohnen sind an sich nichts Neues, sondern schon seit Jahrzehnten weltweit im Gebrauch bzw. im Einsatz. Beispiel sind die Minenjagd-Tauchdrohnen der Deutschen Marine vom Typ Pinguin oder Seehund. Derartige maritime Drohnen sind als Subsysteme von Kriegsschiffen anzusehen, da sie von dort aus zeitlich und räumlich begrenzt eingesetzt werden,[168] also kein Sachverhalt für Artikel 29 UNCLOS III.

Ein System wie Sea Hunter mit 90 Tagen Seeausdauer konnte man sich in der Entstehungszeit des UNCLOS III allerdings wohl noch nicht vorstellen – es ist kein Subsystem eines anderen Kriegsschiffes, sondern stellt als unbemanntes, eigenständig operierendes, hochseefähiges Seefahrzeug eine völlig neue technologische Konstellation dar.

Es stellt sich also die Frage, ob Artikel 29 UNCLOS III auf ein System wie Sea Hunter anwendbar ist, woraus sich die Möglichkeit ergäbe, diesen Systemen die Regeln des UNCLOS III für Kriegsschiffe aufzuerlegen, mithin Befugnisse und Verhaltensregeln z. B. bei der Durchfahrt durch fremde Hoheitsgewässer. Sollte die Anwendung von Artikel 29 UNCLOS III nicht möglich sein, folgt daraus nicht, dass sein Gebrauch durch Streitkräfte völkerrechtlich verboten wäre. Das Problem liegt vielmehr darin, dass dann viele Rechtsfragen, die UNCLOS III und andere Rechtsnormen für Kriegsschiffe regeln, für Systeme wie den Sea Hunter ungeregelt sind. Diese Regelungslücken erzeugen Streitpotenzial, im Hinblick auf die Durchfahrt etwa werden sich die Rechtsauffassungen vom Anspruch auf freie Durchfahrt bis hin zum Postulat des Verbots eben dieser Durchfahrt erstrecken. Und die Durchfahrt ist nur eines von vielen Themen, die vom UNCLOS III erfasst werden.

Artikel 29 UNCLOS III verlangt von einem Kriegsschiff drei Eigenschaften:

- Kennzeichnung des Fahrzeugs als den Streitkräften eines bestimmen Staates angehörend
- Unterstellung unter den Befehl eines Offiziers, der namentlich in eine Rangliste aufgenommen ist
- unter militärischer Disziplin stehende Mannschaft bzw. Besatzung, also den Streitkräften angehörende Soldaten des Staates, die diesem Schiff zugeordnet sind

Die Bedingung Kennzeichnung als den Streitkräften eines bestimmen Staates angehörend lässt sich auch bei unbemannten Fahrzeugen zweifelsfrei herstellen – und damit dieser Aspekt der Eigenschaft eines „Kriegsschiffes".

Die Vorstellung darüber, was „unter dem Befehl eines Offiziers" bedeutet, war in der Entstehungszeit des UNCLOS III unstreitig und ist es auch heute. Es geht einmal um die Befehlsgewalt, also reduziert ausgedrückt um die Befugnis, Aktionen des Fahrzeugs zu beginnen oder zu beenden. Und es geht um die Zuordnung von Verantwortung. Auf Deutschland gewendet bedeutet dies, dass nur Offiziere eine derartige Funktion ausüben dürfen, die nach Artikel 60 Grundgesetz und Soldatengesetz zum Offizier bestellt, in eine offizielle Liste namentlich eingetragen sind und als befehlshabender Offizier der betreffenden Einheit eingesetzt wurden. Systeme wie Sea Hunter können aus der Entfernung via Datenfunk von dem sie führenden Offizier befehligt werden. Aus dem Normzusammenhang mit dem noch zu diskutierenden Aspekt der „Crew", also der Mannschaft oder Besatzung, kann man folgern, dass die Anwesenheit des Offiziers an Bord keine rechtliche Voraussetzung darstellt. Denn anders als bei der „Crew" wird in Bezug auf den befehlshabenden Offizier nicht verlangt, dass das Fahrzeug „manned by an officer" sein soll. Die Anwesenheit des befehlshabenden Offiziers (Kommandant) an Bord war allerdings in der Entstehungszeit des UNCLOS III, also den 1970er-Jahren, faktisch immer gegeben – bei „normalen" bemannten Kriegsschiffen ist das auch heute so. Dem Artikel 29 UNCLOS III ist gerade nicht zu entnehmen, dass es sich bei der Anwesenheit an Bord um eine rechtliche Voraussetzung handelt.

Die unter militärischer Disziplin stehende Besatzung ist die Gesamtheit der Soldaten, die ein Kriegsschiff steuern und seine Funktionen bedienen. Es geht im rechtlichen Kern darum, dass die „Crew" dem Fahrzeug zugeordnet und zugehörig ist und seine Funktionen steuert. Die Formulierung „manned by a crew" zeigt eindeutig, dass die Verfasser des UNCLOS III zeittypisch von einer Besatzung auf dem Schiff ausgingen. Heute steuert eine Crew von dazu ausgebildeten Soldaten unter dem Befehl des kommandierenden Offiziers ein System wie den Sea Hunter aus der Ferne oder überwacht dessen eigenständiges Agieren, dank der Automatisierung aller Bordsysteme soll Handarbeit an Bord zumindest für die vorgesehene Seeausdauer nicht mehr vonnöten sein. Beim Sea Hunter fehlt also nicht die unter militärischer Disziplin stehende Besatzung, aber Artikel 29 setzt deren Anwesen-

heit an Bord voraus. Man darf davon ausgehen, dass bei der Formulierung des UNCLOS III – „manned by a crew" zwar einfach davon ausgegangen wurde, dass sich eine Besatzung faktisch an Bord „ihres"
Schiffes befindet und dass man sich ein unbemanntes System wie
den SEA HUNTER vor 40 Jahren nicht vorstellen konnte. Die Formulierung hebt sich aber deutlich ab von dem vorangegangenen Bezug
auf den befehlshabenden Offizier. Dem Artikel 29 UNCLOS III ist daher zu entnehmen, dass die Unterzeichnerstaaten seinerzeit die Anwesenheit der Besatzung an Bord als eine rechtliche Voraussetzung
für die Zuerkennung der Eigenschaft eines Kriegsschiffes angesehen
haben. In direkter Anwendung von Artikel 29 UNCLOS III ergibt sich
aus dessen Formulierung, dass ein System wie Sea Hunter nicht als
Kriegsschiff gelten kann.

Die technologische Entwicklung macht es möglich, dass unbemannte Systeme wie Sea Hunter wie ein bemanntes Kriegsschiff eingesetzt
werden. Weil Artikel 29 UNCLOS III nicht direkt angewendet werden
kann, bedeutet dies, dass auf dieses Fahrzeug die im UNCLOS III für
Kriegsschiffe enthaltenen Regelungen über Auflagen und Befugnisse
nicht direkt anwendbar sind.

Als Folge der technologischen Entwicklung existiert nun ein Schiff,
das nicht als Subsystem eines Kriegsschiffes gelten kann und zugleich bei direkter Anwendung des Artikels 29 UNCLOS III nur zwei
von dessen Voraussetzungen für die Kriegsschiffeigenschaft erfüllt –
Kennzeichnung und Befehlsgewalt eines Offiziers. Es wäre dann trotz
seiner Ausstattung mit Kriegswaffen und seiner Zweckbestimmung
durch den das System einsetzenden Staat einzuordnen als sonstiges
im Dienst eines Staates zu nichtkommerziellen Zwecken eingesetztes
Schiff im Sinne von UNCLOS III.

Das Ergebnis wirkt noch fragwürdiger, wenn man das San Remo Manual on International Law Applicable to Armed Conflicts at Sea[169] von
1994 heranzieht. Es ist als Werk einer international zusammenge-

setzten Expertengruppe keine völkervertragsrechtliche Rechtsquelle mit direkter Geltung, aber hilfreich bei der Auslegung von Völkervertrags- und Völkergewohnheitsrecht. In Part I Section V No. 13 lit. (g) übernimmt es für die Eigenschaften eines Kriegsschiffes die Voraussetzungen aus Artikel 29 UNCLOS III und unterscheidet hiervon konfliktbezogen in lit. (h) das Hilfsschiff (Auxiliary Vessel), das ebenfalls den Streitkräften eines Staates zugehörig ist. Im Ergebnis müsste der Sea Hunter also als Hilfsschiff eingeordnet werden, was indes seiner legalen Verwendung zu Kampfeinsätzen im Sinne des Völkerrechts nicht entgegenstünde, wie indirekt aus dem San Remo Manual Part IV Section III, No. 110 Satz 2 Teilsatz 1 folgt. Dennoch ist das Ergebnis unbefriedigend, weil es die klare Trennung der Kategorien Kriegsschiff und Hilfsschiff aufweicht. Kann eine Analogiebildung helfen?

3.1.2. Unbemanntes Überwassersystem gleich Kriegsschiff durch analoge Anwendung von Artikel 29 UNCLOS III?

Kommt in Bezug auf den Sea Hunter eine Analogiebildung infrage? Es stellt sich die Frage, ob eine in der Entstehungszeit des UNCLOS III noch nicht erkennbare Regelungslücke in Bezug auf die Voraussetzung einer an Bord befindlichen Besatzung vorliegt, die man auch im Völkerrecht mit einer Analogie ausfüllen könnte,[170] bis ein überarbeiteter Vertrag in Kraft tritt. Die Analogiebildung zielte dann auf die Anerkennung eines Systems wie Sea Hunter als Kriegsschiff auch ohne an Bord befindliche Besatzung unter der Bedingung der Kennzeichnung und der Befehlsgewalt durch einen Offizier.

Die Bildung einer Rechtsanalogie hat drei Voraussetzungen:

1. Es muss eine planwidrige Gesetzeslücke erkennbar sein,
2. die mit einem vergleichbaren ungeschriebenen Tatbestand wegen einer vergleichbaren Sachverhaltslage aufgefüllt werden kann, und
3. zudem darf die zu ergänzende Rechtsnorm (hier UNCLOS III) kein Analogieverbot enthalten.[171]

Im Einzelnen:

1. Planwidrige Regelungslücke?

Der Vergleich mit einer anderen Materie mag hilfreich sein. Ganz anders stellt sich die Situation der Verfasser des deutlich jüngeren HPCR Manuals zur Luft- und Flugkörperkriegführung dar, die sich mit dem Thema unbemanntes Fluggerät auseinandersetzen mussten, weil solche Systeme längst im Einsatz waren. Das „Program on Humanitarian Policy and Conflict Research (HPCR)" der Harvard University hat sein „Manual on International Law applicable to Air and Missile Warfare" im Jahr 2009 veröffentlicht. Es ist das Produkt einer Expertengruppe, die vorhandene Normen des Völkerrechts ausgewertet und interpretiert hat, oder in der Formulierung des Vorworts: „a methodical and comprehensive reflection on international legal rules applicable to air and missile warfare, drawing from various sources of international law".[172] Das HPCR Manual ist letztlich eine Auslegung und nicht zu verwechseln mit dem zugrunde liegenden Völkerrecht selbst. Es ist nicht ratifiziertes Vertragsvölkerrecht, sondern eine Orientierungshilfe, auf die man sich zur Bewertung rechtlicher Fragen berufen kann. Dass die an Konflikten beteiligten Staaten den Schlüssen der Expertengruppe folgen, ist nicht garantiert.

Das HPCR Manual fordert keine Besatzung als Voraussetzung für die Anerkennung als militärisches Luftfahrzeug (siehe Section A, Nr. 1, lit. d und lit. x):[173]

> „(d) „Aircraft" means any vehicle — whether manned or unmanned — that can derive support in the atmosphere from the reactions of the air (other than the reactions of the air against the earth's surface), including vehicles with either fixed or rotary wings.
> …
> (x) „Military aircraft" means any aircraft (i) operated by the armed forces of a State; (ii) bearing the military markings of that State; (iii) commanded by a member of the armed forces; and (iv) controlled, manned or preprogrammed by a crew subject to regular armed forces discipline."

Die Verfasser des HPCR Manuals gehen ganz selbstverständlich davon aus, dass die Soldaten, die das Fluggerät vorprogrammieren und aus der Ferne steuern, als „Crew" anzusehen sind. Danach sind fliegende Drohnen militärische Luftfahrzeuge, wenn sie die aufgeführten Bedingungen erfüllen, auf die Größe kommt es nicht an.

Aus dem Vergleich mit der Materie Luftkriegführung ergibt sich, dass man mit einiger Berechtigung eine von den Vertragsstaaten des UNCLOS III sicher nicht gewollte Regelungslücke annehmen kann. Wäre die technologische Entwicklung in der Entstehungszeit des UNCLOS III erkennbar gewesen, hätten sich die an den Verhandlungen zur Gestaltung des UNCLOS III Beteiligten Gedanken zum Thema machen und die Frage in die eine oder andere Richtung entscheiden müssen, ebenso wie die Autoren des HPCR Manuals drei Jahrzehnte später. Man kann die Lücke also als ungewollt und planwidrig bezeichnen und zugleich ausschließen, dass das Thema „Schiff ohne Besatzung" bewusst ohne rechtliche Regelung gelassen wurde. Die Lücke darf mithin ausgefüllt werden.

2. Vergleichbare Sachverhalte?

Der Sea Hunter ist mit Kriegsschiffen im tatsächlichen technischen Sinne ohne Zweifel vergleichbar, zwei der drei Voraussetzungen aus UNCLOS III sind erfüllt und die dritte zum Teil durch die dem System zugeordnete Crew, und er dient ausschließlich den gleichen Zwecken, ist entsprechend ausgerüstet wie ein Kriegsschiff, agiert wie ein Kriegsschiff und ist als solches gekennzeichnet, wenn er im Dienst der US Navy eingesetzt wird.

3. Analogieverbot?

Ein ausdrückliches geschriebenes Analogieverbot ist im UNCLOS III nicht erkennbar. Im Ergebnis ist die analoge Anwendung von Artikel 29 UNCLOS III auf Systeme wie den Sea Hunter rechtlich vertretbar, sodass man so ein System rechtlich wie ein Kriegsschiff behandeln kann.

Allerdings kommt es im Völkerrecht nicht einfach zur Analogiebildung und tatsächlich wirkungsvollen Durchsetzung dieser rechtlichen Lösung wie im nationalen Recht durch zuständige Gerichte. Im Völkerrecht bildet die Staatenpraxis eine entscheidende legitimierende Rechtsgrundlage für Analogien. Die Frage der Anerkennung wird unter den staatlichen Akteuren mit ziemlicher Sicherheit umstritten sein. Detailfragen wie etwa die friedliche Durchfahrt von fremden Hoheitsgewässern, andere Befugnisse und insbesondere die Geltung von Auflagen für Kriegsschiffe werden ebenfalls different bewertet werden.

3.1.3. Unbemanntes U-Boot gleich Kriegsschiff?

Nun ist der Sea Hunter als Überwasserfahrzeug jederzeit per Datenfunk erreichbar – damit ist der Aspekt der Befehlsgewalt klar gegeben. Wie müsste man das bei einem Unmanned Underwater Vehicle (UUV), also einem unbemannten U-Boot, sehen? Entscheidend für die Befehlsgewalt ist die Befugnis und die tatsächliche Möglichkeit, die Befehlsgewalt auszuüben. Dessen Einsatzmedium hält Besonderheiten betreffend die Kommunikationsverbindungen bereit. Das Problem wird in naher Zukunft aktuell, die Marine der VR China soll schon bald erste UUVs mit langer Seeausdauer erhalten – in Verlautbarungen wird betont, dass konkrete Angriffsbefehle bis auf Weiteres durch Offiziere aus der Ferne erteilt werden sollen.[174] Auch die USA testen bereits UUVs.[175]

Der Aspekt der Kennzeichnung ist so zu betrachten wie oben bezüglich des Sea Hunter diskutiert, aufgetaucht muss das UUV seine Nationalität und Zugehörigkeit zu Streitkräften erkennen lassen – es eröffnet sich die Option der analogen Anwendung des Artikels 29 UNCLOS III.

Beim UUV ist jedoch zunächst die Voraussetzung Befehlsgewalt eines Offiziers zu diskutieren, weil die Funkverbindung zum getauchten U-Boot physikalischen Limitierungen unterliegt (siehe Kapitel 1.4.3.) und daher die Möglichkeit des Zugriffs und der Ausübung der Befehlsgewalt aus der Ferne infrage steht.

Zum Verständnis braucht es einen technisch-operativen Exkurs. Getauchte U-Boote können Nachrichten mit geringem Datenumfang per Langwellenfunk schon heute empfangen, gegebenenfalls mittels der oben erwähnten neuen Technologie des SLAC National Accelerator Laboratory auch senden.[176] Mit dieser Technologie kann das unbemannte U-Boot zwar kein umfängliches Lagebild übertragen, aber seine letzte Position und z. B. die Meldung „Feindlicher Zerstörer in Waffenreichweite detektiert" – ein simpler Befehl zum Angriff kann in der Gegenrichtung ebenfalls übertragen werden. Es braucht möglicherweise keinen vom UUV selbst gesendeten Lagebildbericht mit großen Datenmengen, wenn der U-Boot-Operator sein umfängliches Lagebild nicht von „seinem" U-Boot, sondern als Produkt der vernetzten Kriegführung von anderen Einheiten oder ausgesetzten Sensorbojen erhält. In der Praxis ist für ein U-Boot gerade dann, wenn ein lohnendes Ziel oder ein wehrhafter Feind in der Nähe ist, das Auftauchen und/oder das Funken verräterisch und deshalb nicht opportun. Die einzige Option, dem U-Boot die für Lagebild und Zielzuweisung notwendigen größeren Datenmengen zukommen zu lassen, besteht darin, einmal täglich zu bestimmter Uhrzeit lediglich die Antenne aus dem Wasser zu strecken. In diversen Seestreitkräften wird diese Vorgehensweise schon länger praktiziert, um den U-Booten regelmäßig für sie relevante Informationen zu übertragen. Auf diesem Wege könnte das UUV z. B. den Befehl erhalten, das Schallprofil eines bestimmten Fregattentyps zu verfolgen und nur dieses Ziel anzugreifen. An der Stelle wird auch wiederum der nicht allzu große Unterschied zum bemannten U-Boot deutlich: Auch dessen Crew würde sich auf die Schalldatenbanken verlassen und vor dem Torpedoschuss die Waffe mit diesen Daten „füttern".

Es muss also diskutiert werden, ob die Bedingung „unter Befehl" eines Offiziers die Ausübung der Befehlsgewalt durch umfänglichen Datenfunk und rund um die Uhr voraussetzt – und deshalb faktische Kommunikationseinschränkungen rechtlich einen Unterschied machen. Es ist nicht erkennbar, dass das UNCLOS III eine rund um die Uhr tatsächlich bestehende „24/7-Befehlsgewalt" als rechtliche Bedingung enthält. Bei bemannten U-Booten ist das zwar faktisch gegeben, die Macher des UNCLOS III haben diese faktische Situation schlicht unterstellt als tatsächlichen Normalfall. Das Problem stellte sich bei der Formulierung des UNCLOS III nicht, es musste seinerzeit nicht diskutiert werden.

Im Ergebnis genügt eine Unterstellung des unbemannten U-Bootes unter die Befehlsgewalt eines Offiziers, dieser muss aber nicht 24/7 eingreifen können.

Im Hinblick auf die Besatzung sind die in Bezug auf Überwassereinheiten angestellten Überlegungen auch auf das UUV anwendbar. Es ist davon auszugehen, dass der befehlshabende Offizier die Überwachung des UUV und des Lagebildes nicht allein durchführt, sondern mit einer Crew von dafür qualifizierten Soldaten.

In der Folge ist es vertretbar, unbemannte U-Boote ebenso wie Überwassersysteme als Kriegsschiff zu betrachten, und zwar wiederum in analoger Anwendung des Artikel 29 UNCLOS III.

3.1.4. Unbemanntes vollständig autonomes Seefahrzeug gleich Kriegsschiff?

Man stelle sich vor, dass in der Zukunft ein Seefahrzeug dafür ausgerüstet würde, einmal aktiviert ganz eigenständig ohne Eingriff eines Soldaten zu agieren – „Man out of the Loop" (z. B. UUV). Es könnte monatelang irgendwo in internationalen Gewässern getaucht auf der Lauer liegen und, ohne eine Funknachricht an seine „Befehlskette" zu senden, aktiv werden. Die Selbstaktivierung könnte etwa programmiert sein für den Fall der Annäherung von Schraubengeräuschen einer bestimmten Einheit oder Schiffsklasse des Gegners – die Speicherung solcher Geräuschprofile ist seit Jahrzehnten Usus. Ein solches System würde offensichtlich nicht unter einem konkreten Befehl aktiv werden. Es gäbe lediglich den generalisierten Befehl, bestimmte

Arten von Zielen zu suchen und anzugreifen. Die Zurechnung eines nur bedingt vorhersagbaren Ergebnisses ist diskussionswürdig – etwa analog der Halterhaftung für Kraftfahrzeuge? Haftbar ist dann aber nicht der befehlshabende Offizier, sondern die Führungsebene, die den generellen Einsatzbefehl zu verantworten hat.

3.1.5. Recht und Praxis

Im Übrigen ist darauf hinzuweisen, dass rechtliche Diskussionen China, Russland und andere Staaten nicht daran hindern werden, unbemannte Überwasserschiffe und U-Boote in den militärischen Einsatz zu bringen. Ein völkerrechtliches Verbot existiert nicht, sondern lediglich eine Problematik der rechtlichen Einordnung und der daraus folgenden Befugnisse und Auflagen etwa im Hinblick auf die friedliche Durchfahrt fremder Hoheitsgewässer. Die tatsächliche Realisierung solcher Projekte hängt indes nicht allein an der IT, sondern auch an der Automatisierung und Zuverlässigkeit der Hardware, bekanntermaßen sind die Besatzungen von Überwassereinheiten als auch von U-Booten zu einem guten Teil damit beschäftigt, die Hardware ihres Bootes während des Einsatzes am Laufen zu halten.

Das Nachsehen werden diejenigen Staaten haben, die keine unbemannten Überwasserschiffe und UUVs einsetzen – und vor allem deren Soldaten (vgl. Kapitel 2.1.).

Die trennscharfe Abgrenzung „automatisiert" und „autonom" ist wichtig hinsichtlich der Frage nach rechtlichen Verantwortlichkeiten, die allein an Menschen adressiert sein können, nicht an Maschinen. Je eigenständiger ein System operiert, umso komplexer wird die Frage nach der Verantwortung des jeweiligen militärischen Befehlshabers. Funktioniert das System auf der Basis von mechanischen Vorgaben oder zwingenden Algorithmen und ist klar absehbar, was das System unternimmt, wenn es gestartet wird, ist rechtliche Verantwortung für das Ergebnis klar beschreibbar und eingrenzbar. Was aber, wenn ein

System eigenständig Zwischenentscheidungen trifft, die nicht für jeden Einzelfall festgelegt sind? Beispiel: Man stelle sich vor, ein UUV detektiert ein gekennzeichnetes Lazarettschiff und ordnet es aufgrund der Schraubengeräusche als gegnerischen Zerstörer ein, weil die Programmierer dem System nicht die nötigen „Kenntnisse" für die Identifizierung völkerrechtlich besonders geschützter Schiffe eingegeben haben oder weil die als Vergleich hinterlegten Geräuschprofile nicht hinreichend trennscharf sind. In dem fiktiven Fall erteilt der befehlshabende Offizier „seinem" UUV aufgrund der Meldung den Befehl zum Angriff. Den militärischen Befehlshaber kann man für den Programmierfehler oder unzureichende Sensorik kaum verantwortlich machen. Und er würde sich sicher darauf berufen, dass er mit einem solchen Programmierfehler nicht hätte rechnen müssen. Wird man dann den gleichen Maßstab anwenden wie bei Fehlleistungen von Kommandanten bemannter U-Boote? Würde man von einem bemannten U-Boot Auftauchen auf Sehrohrtiefe zur Vergewisserung rechtlich verlangen können? Vom UUV Auftauchen auf „Kameratiefe" plus Bildsendung? Wäre das angesichts der größer gewordenen Gefechtsentfernungen überhaupt eine Option?

3.2. Humanitäres Völkerrecht und unbemannte Systeme

Im internationalen bewaffneten Konflikt kommt das sogenannte Humanitäre Völkerrecht (HVR) zur Eingrenzung der Konfliktfolgen zur Anwendung. Seine Rechtsquellen sind die Haager Landkriegsordnung von 1899/1907, die vier Genfer Konventionen (bzw. Protokolle) von 1949 und das dazu gehörende erste Zusatzprotokoll von 1977. Die Vielzahl der Rechtsgrundlagen findet sich u. a. im Viadrina International Law Project (VILP)[177] oder auf dem Portal der Regierung der Schweiz [178]. Keine völkervertragsrechtliche Rechtsquelle mit direkter Geltung, aber hilfreich bei der Auslegung der Prinzipien und deren „Übersetzung" in das maritime Umfeld ist das von einer Expertengruppe erarbeitete „San Remo Manual on International Law applicable to Armed Conflicts at Sea" von 1994,[179] für das ein Prozess zur Aktualisierung Ende 2019 begonnen hat.[180]

Im internationalen bewaffneten Konflikt bindet das Humanitäre Völkerrecht (HVR) die Konfliktparteien und die für sie handelnden Personen u. a. in Regierung und Streitkräften. Pointiert: Das HVR bindet das Handeln des Menschen – nicht die Maschinen selbst und direkt, sondern den diese verwendenden Menschen.

Nachfolgend soll betrachtet werden, ob der Einsatz unbemannter Systeme zu besonderen rechtlichen Problemen führt. Im Fokus stehen die vier wesentlichen Grundsätze des Humanitären Völkerrechts im Konflikt. Das deutsche Auswärtige Amt führt diese Grundsätze zusammengefasst und leicht verständlich auf:[181]

> „Grundlegendes Ziel aller Normen des Humanitären Völkerrechts ist der Ausgleich zweier gegenläufiger Interessen: Auf der einen Seite die Berücksichtigung militärischer Belange, auf der anderen Seite die Bewahrung des Prinzips der Menschlichkeit in bewaffneten Konflikten. Hieraus ergeben sich einige tragende Grundsätze des Humanitären Völkerrechts:
>
> 1. Weder die Konfliktparteien noch die Angehörigen ihrer Streitkräfte haben uneingeschränkte Freiheit bei der Wahl der zur Kriegführung eingesetzten Methoden und Mittel. So ist der Einsatz jeglicher Waffen und Kampfmethoden verboten, die überflüssige Verletzungen und unnötige Leiden bewirken.
> 2. Zum Zweck der Schonung der Zivilbevölkerung und ziviler Objekte ist jederzeit zwischen Zivilbevölkerung und Kombattanten zu unterscheiden. Weder die Zivilbevölkerung als Ganzes noch einzelne Zivilisten dürfen angegriffen werden. Angriffe dürfen ausschließlich auf militärische Ziele gerichtet sein.
> 3. In der Gewalt einer gegnerischen Partei befindliche Kämpfer und Zivilisten haben Anspruch auf Achtung ihres Lebens und

ihrer Würde. Sie sind vor jeglichen Gewalthandlungen oder Repressalien zu schützen.

4. Es ist verboten, einen Gegner, der sich ergibt oder zur Fortsetzung des Kampfes nicht in der Lage ist, zu töten oder zu verletzen."

Weiterführende Erläuterungen zu den vom Auswärtigen Amt verwendeten völkerrechtlichen Begriffen finden sich u. a. auf der Website des BMVg.[182]

3.2.1. HVR-Regel 1: Verbot der Zufügung überflüssiger Verletzungen und unnötiger Leiden

Weder die Konfliktparteien noch die Angehörigen ihrer Streitkräfte haben uneingeschränkte Freiheit bei der Wahl der zur Kriegführung eingesetzten Methoden und Mittel. So ist der Einsatz jeglicher Waffen und Kampfmethoden verboten, die überflüssige Verletzungen und unnötige Leiden bewirken.

Wichtigste Rechtsgrundlage ist Artikel 35 des Zusatzprotokolls Nr. 1 zu den Genfer Abkommen.[183] Danach ist es verboten, Waffen, Geschosse und Material sowie Methoden der Kriegführung zu verwenden, die geeignet sind, überflüssige Verletzungen oder unnötige Leiden zu verursachen. Zu den Mitteln und Methoden, die verboten sind, gehören: Giftgas, Laser zur dauerhaften Erblindung, Munition zur Erzeugung zusätzlicher Leiden über die militärisch erforderte Wirkung zur Verletzung und Tötung hinaus, z. B. explodierende Infanteriemunition oder Munition aus mit bildgebenden Verfahren im menschlichen Körper nicht zu entdeckendem Material und Terrorangriffe gegen die Zivilbevölkerung. Der Gebrauch von unbemannten Systemen an sich verstößt nicht gegen diese Regeln, es kommt allein auf die konkrete Einsatzmethode oder die verwendete Waffe bzw. Munition an. Verschießt z. B. eine Drohne verbotene Munition oder wird ein Laser zur Erblindung genutzt, liegt ein Verstoß gegen das HVR vor. Es macht keinen Unterschied, ob die Drohne ferngesteuert wird oder den Angriff eigenständig ohne direkte Eingriffe des Operators durchführt.

Manche Kritiker der möglichen Einführung von vollständig autonomen Systemen fordern deren Ächtung unter Berufung auf die Martens-Klausel der Haager Landkriegsordnung von 1907, insbesondere den letzten Teilsatz. Die Klausel wurde vom Chefunterhändler des russischen Zaren, Friedrich Fromhold Martens, ausgearbeitet und diente als Generalklausel dem Auffangen der im Verhandlungsprozess ungelösten Streitfragen:

> Until a more complete code of the laws of war has been issued, the High Contracting Parties deem it expedient to declare that, in cases not included in the Regulations adopted by them, the inhabitants and the belligerents remain under the protection and the rule of the principles of the law of nations, as they result from the usages established among civilized peoples, from the laws of humanity, and the dictates of the public conscience.[184]

Dem muss allerdings entgegengehalten werden, dass die Klausel in der tatsächlichen Staatenpraxis nicht zur Lösung von Streitigkeiten über Mittel und Methoden der Kriegführung herangezogen wird, es existieren zudem keine unter den Staaten unstreitigen Maßstäbe zur Auslegung.[185]

Befürworter einer Ächtung vollständig autonomer Systeme berufen sich daher primär auf den letzten Teilsatz der Martens-Klausel, wonach erstens aus den Forderungen des öffentlichen Gewissens ein Gebot der Herrschaft der Grundsätze des Völkerrechts folge und dass zweitens diese Grundsätze nach einem Verbot vollständig autonomer Systeme verlangten. Dem ist zu Recht entgegenzuhalten, dass fraglich ist, wessen veröffentlichtes Gewissen denn ausschlaggebend sein soll und wie es ermittelt werden kann. Zudem gilt, dass die Klausel noch nie für eine Ächtung bestimmter Systeme herangezogen wurde.[186]

3.2.2. HVR-Regel 2: Pflicht zur Unterscheidung von Kombattanten und Zivilbevölkerung

> Zum Zweck der Schonung der Zivilbevölkerung und ziviler Objekte ist jederzeit zwischen Zivilbevölkerung und Kombattanten zu unterscheiden. Weder die Zivilbevölkerung als Ganzes noch einzelne Zivilisten dürfen angegriffen werden. Angriffe dürfen ausschließlich auf militärische Ziele gerichtet sein.

Klar geboten ist die Unterscheidung zwischen militärischen Zielen und der Zivilbevölkerung. Setzt der Operator seine Drohnen für einen Angriff allein gegen unbeteiligte Zivilisten ein, liegt ein Verstoß gegen die Artikel 35, 51 und 57 des Zusatzprotokolls Nr. 1 zu den Genfer Abkommen[187] vor.

Wie ist es zu beurteilen, wenn eine Drohne Harpy eine gegnerische Radarstellung angreift, die inmitten einer dicht besiedelten Ortschaft postiert ist? Die Radarstellung ist ein legitimes militärisches Ziel. Der Angriff erfolgt nicht ausschließlich und nicht primär gegen die Zivilbevölkerung, deshalb ist der Angriff auf die Radarstellung zulässig, solange der Zivilbevölkerung keine exzessiven Kollateralschäden zugefügt werden. Das folgt aus den Artikeln 35, 51 und 57 des Zusatzprotokolls Nr. 1 zu den Genfer Abkommen. Es gibt keinen Unterschied in der rechtlichen Beurteilung des Vorgehens der Drohne im Vergleich zum Piloten eines Kampfflugzeugs, der sich zum Schutz seiner selbst und der weiteren eingesetzten eigenen Einheiten ebenfalls für den Flugkörpereinsatz gegen das im Wohngebiet aufgestellte feindliche Radarsystem entscheiden müsste, auch wenn dabei Zivilisten umkommen können. Präzision ist als Mittel zur Verminderung der Zahl ziviler Opfer schon seit Jahrzehnten wirksam, vor Einführung der zielsuchenden Flugkörper hätte man zur sicheren Ausschaltung einer Radaranlage einen größeren Umkreis mit Bomben oder Granaten eindecken müssen. Harpy braucht lediglich kein von Menschen gesteuertes Flugzeug mehr, um in die Nähe seines Ziels zu gelangen, es stellt eine Weiterentwicklung eines seit Jahrzehnten gebräuchlichen Kampfmittels dar.

Die Situation erfordert zudem den Blick auf die Gegenseite: Es liegt eine Verletzung von Regel 1 aufseiten der Partei vor, die ihre Radarstellung in einem Wohnviertel positioniert, weil sie die zivile Bevölkerung als menschliche Schutzschilde instrumentalisiert. Nicht eingehalten werden die Artikel 48 und 58 lit. b) des Zusatzprotokolls Nr. 1 zu den Genfer Abkommen.[188] Die Positionierung der Radarstellung inmitten der zivilen Bevölkerung erschwert dem Gegner die Absonderung dieses militärischen Ziels von anderen nicht legitimen Zielen. Man kann dies als Kampfmethode qualifizieren, die zu überflüssigen Verletzungen, Tötungen und unnötigen Leiden führen kann.

3.2.3. HVR-Regel 3: Schutz von Leben und Würde Gefangener

In der Gewalt einer gegnerischen Partei befindliche Kämpfer und Zivilisten haben Anspruch auf Achtung ihres Lebens und ihrer Würde. Sie sind vor jeglichen Gewalthandlungen oder Repressalien zu schützen.

Der Gewahrsam wird allein durch Soldaten ausgeübt, das ist rechtlich zwingend und sachlich erforderlich. Derzeit und wohl auf absehbare Zukunft haben unbemannte Kampfsysteme nicht die Eignung für die Aufgabe der Gewahrsamsausübung. Die Zulässigkeit eines Einsatzes müsste an ihrer Fähigkeit gemessen werden, das HVR wie Soldaten einzuhalten.

3.2.4. HVR-Regel 4: Verbot der Tötung von kampfunfähigen oder sich ergebenden Gegnern

Es ist verboten, einen Gegner, der sich ergibt oder zur Fortsetzung des Kampfes nicht in der Lage ist, zu töten oder zu verletzen.

Rechtsgrundlage ist u.a. Artikel 41 des Zusatzprotokolls Nr. 1 zu den Genfer Abkommen.[189] An das Sichtbarmachen des Willens zum Ergeben ist der Anspruch der unzweifelhaften Deutlichkeit zu stellen. Nicht in der Lage zu sein, den Kampf fortzusetzen, bedeutet einen Zustand, in dem für den betreffenden Soldaten die Teilnahme an jeglicher Art von Kampfhandlung aktuell ausgeschlossen ist – der Verlust seiner Waffe oder seines Waffensystems allein genügt nicht. Die Verbote gelten allein unter der Kautel der Realisierbarkeit ohne Aufgabe des legitimen Ziels, den Gegner daran zu hindern, aktuell oder künftig an Kampfhandlungen teilzunehmen und unter Anerkennung des Bedürfnisses nach Eigensicherung der Soldaten, die in die Situation kommen, Gegner gefangen zu nehmen. Es gibt kein Gebot, unter allen Umständen das mildere Mittel anzuwenden, eine entsprechende Staatenpraxis existiert nicht.[190]

In diesem Spannungsfeld müssen Maschinen dem Anspruch auf Schutz der außer Gefecht befindlichen Gegner nach vergleichbaren Maßstäben wie Soldaten grundsätzlich genügen können, insbesondere wenn sie eigenständig ohne Eingriff des Operators tätig werden.

Beispiel eins: Kampf an Land und auf Sicht

Eine Programmierung der Algorithmen von unbemannten Kampffahrzeugen wäre dann völkerrechtswidrig, wenn das Gerät ohne Eingriffsmöglichkeit des Fernsteuerers auf alles schießt, was sich bewegt, und es dabei unmöglich macht, gegnerische Soldaten, die für einen anderen Soldaten klar erkennbar außer Gefecht gesetzt sind oder eindeutig erkennen lassen, sich ergeben zu wollen, als unerlaubte Ziele auszudifferenzieren. Die Fähigkeit von Maschinen zur Erkennung entsprechender Situationen und Unterscheidung nach kämpfenden und aufgebenden Gegnern ist nach dem oben gesagten aktuell wohl als unzureichend einzuschätzen. Beim Kampf an Land werden Maschinen analog dem kombinierten Einsatz von Panzern und Infanterie von Soldaten unterstützt. Besonders im Infanteriegefecht auf Sicht können Soldaten sich ergebende oder kampfunfähige Gegner erkennen und in Gefangenschaft nehmen und damit die Möglichkeit der

Einhaltung des HVR gewährleisten. Die Verpflichtung dazu besteht jedoch stets nur unter der Kautel der Sicherheit derjenigen Soldaten, die ihre Gegner gefangen nehmen können.

Beispiel zwei: Kampf auf See

Aufgrund der regelmäßig großen Gefechtsentfernungen oder wegen schlechter Sichtverhältnisse kann es auch für Menschen schwierig sein zu erkennen, dass ein gegnerisches Schiff aufgestoppt liegt, um den Ausstieg der Besatzung zu ermöglichen, bevor es sinkt. An Fernsteuerer oder Programmierer technischer Systeme dürfen, müssen und können keine höheren Ansprüche gestellt werden als an die Besatzung eines Kampfschiffes, die das Aufstoppen entweder direkt optisch oder über ihre Sensoren je nach Lage mehr oder weniger gut beobachten kann. Das völkerrechtlich geforderte Verhalten, z. B. Feuer auf das aufgestopt liegende sinkende Schiff einzustellen, während dessen Besatzung „aussteigt", steht immer unter der Kautel der Möglichkeit zur treffenden Feststellung der Situation und der vorrangigen Beachtung der eigenen Sicherheit.

Beispiel drei: Kampf aus der Luft gegen Bodenziele

Hier können auch Piloten bemannter Flugzeuge wegen der regelmäßig großen Gefechtsentfernungen die notwendigen Unterscheidungen nur bedingt treffen. Das Problem der Erkennbarkeit lässt sich an zwei Situationen schildern. Erstens: Nach Zerstören einer Flugabwehrraketenstellung können sich noch einige Soldaten aus den Trümmern herausbewegen. Aber sie sind nach wie vor militärische Ziele, nur aktuell nicht in der Lage, das Flugzeug weiter zu bekämpfen. Als kampfunfähig im Rechtssinne sind sie dadurch allerdings nicht zwingend einzuordnen, denn sie könnten grundsätzlich weiterhin an Kampfhandlungen teilnehmen. Zweitens: Angriff auf bestimmte Personen, etwa auf militärische Führer in einem von der angreifenden Partei nicht kontrollierten Gebiet. Wenn deren Fahrzeug durch einen Luftangriff zerstört wurde und im Kamerabild deutlich wird, dass sich Personen aus den Trümmern retten konnten, dürfen diese weiter bekämpft werden, denn sie stellen weiterhin mögliche militärische Ziel dar, die ihre relevante Führungsrolle im Überlebensfall weiterhin wahrnehmen und damit „an Kampfhandlungen teilnehmen" könnten.[191] An den Operator einer Drohne oder ein eigenständig operierendes System können keine höheren Ansprüche gestellt werden als an den Piloten eines Kampfflugzeugs, der ebenfalls mit beschränkter Sichtbarkeit und begrenzten Handlungsoptionen zu tun hat: Gefangennahme ausgeschlossen.

Aus den vier Hauptregeln des HVR kann man eine Kurzformel für unbemannte Systeme folgern: Unbemannte Systeme müssen völkerrechtskonform agieren und jederzeit unter Kontrolle gebracht werden können. Das schließt den Gebrauch von ferngesteuerten, automatisierten und autonomen Systemen nicht aus, soweit die Ansprüche des HVR erfüllt werden können.

3.2.5. HVR und wachsende Distanz zu Gegner und Ziel

Ein weiteres Thema ist die erhöhte physische Distanz zu Gegner und Ziel. Die Entwicklung der Regeln des HVR ist schon während des gesamten 20. Jahrhunderts geprägt von der Auseinandersetzung mit der technisch getriebenen Erhöhung der Distanz zum Gegner und den daraus resultierenden höheren Risiken des Beschusses von völkerrechtlich nicht legitimen Zielen. Die Pflicht zur Unterscheidung zwischen militärischen und sonstigen Zielen, das Verbot des exzessiven Angriffs und des Terrorangriffs auf die Zivilbevölkerung sind auch dieser Entwicklung geschuldet. Die wachsende Distanz bedeutet als gerade keine Aufhebung der Geltung des HVR für den Einsatz von Maschinen. Die Ansprüche des HVR an den Schutz bestimmter Personengruppen differenzieren allerdings nicht zwischen Maschinen mit Menschen an Bord einerseits und unbemannten Maschinen andererseits, unabhängig davon, ob diese ferngesteuert, automatisiert oder autonom agieren.

Zu den Besonderheiten unbemannter Systeme, wie sie vorhergehend beispielhaft aufgeführt sind, gehört nicht nur ihre Fähigkeit, Entscheidungen mit begrenztem Spielraum unabhängig vom menschlichen Eingriff zu treffen, sie erhöhen auch die physische Distanz des Kombattanten zu seinem Gegner oder Ziel, sind also in einer Entwicklungslinie zu sehen mit früheren Distanzwaffen – angefangen bei Speer, Steinschleuder, Pfeil und Bogen, über Muskete und Kanone bis hin zu Rakete und Marschflugkörper. Ferngesteuerte Systeme wie etwa MQ-9 erhöhen die physische Distanz des Kombattanten zu seinem Gegner oder Ziel weiter. Der Gebrauch von ferngesteuerten oder automatisiert tätigen Maschinen ist damit zwar ein technischer Quantensprung, aber unter dem Aspekt der Distanz lediglich eine konsequente Weiterentwicklung.

Die physische Distanz des Soldaten zum Gegner oder Ziel ist seit dem 20. Jahrhundert so groß geworden, dass die Wahrnehmung des Gegners häufig nur noch in technisch vermittelter Weise möglich ist, etwa durch einen Radarpunkt mit Signaturbeschreibung, etwa „Kampfflugzeug Typ XX". Der Soldat agiert in einer „Technosphäre" und ist auf seine Wahrnehmungshilfen angewiesen.[192] Die Entwicklung geht indes im 21. Jahrhundert so weit, dass optische Wahrnehmung wieder möglich wird – via Datenübertragung. So ist beim Flugdroneneinsatz die physische Distanz allein nicht mehr entscheidend, die Ausstattung der Flugdrohnen mit Kameras macht eine detaillierte Zielbeobachtung durch den Drohnenpiloten möglich, verringert so die wahrgenommene Distanz und schafft so eine gefühlte Nähe zum Gegner, die nicht ohne psychologische Folgen bleibt.[193] Jedenfalls erweitert sich der Entscheidungsspielraum innerhalb laufender Operationen. So ist etwa nach der Feststellung, dass das angeflogene Ziel doch nicht „das richtige" ist, ein Umsteuern oder Abbrechen der Operation möglich. Daraus ergibt sich bei Einsatz von Drohnen, die ferngesteuert oder laufend überwacht werden, ein Distanzparadoxon: Aus Sicht des Drohnenpiloten zählt die physische Entfernung nicht mehr, das Kamerabild vermittelt ihm eine Nähe zu den beschossenen

Personen, die eher der Wahrnehmung eines Scharfschützen ähnelt, der vor Ort mitten im Geschehen agiert (vertiefend unter Ethik, siehe Kapitel 4.4.).

3.2.6. Befehlsgewalt, Verantwortung und EloKa

Wie ist die Befehlsgewalt über technische Systeme aus der Ferne im Falle des Einsatzes von EloKa durch den Gegner zu beurteilen? Hat der Offizier noch Befehlsgewalt und Verantwortung, wenn das ihm unterstellte System wegen Störung der Funkverbindung eigenständig weiteroperiert und dabei technisch bedingt Regeln des Humanitären Völkerrechts verletzt? Seine Befugnis zur Ausübung der Befehlsgewalt besteht weiter, kann temporär jedoch nicht ausgeübt werden. Eine direkte Verantwortung für die vorprogrammierte Vorgehensweise des Systems trifft in dieser Situation am ehesten die Führung des Staates oder seiner Streitkräfte, die die Grundsatzentscheidung über den Einsatz treffen und als Nutzer des Systems die Risiken der Nutzung tragen. Kann sich die den Gegner elektronisch störende Seite darauf berufen, dass der Gegner das Völkerrecht verletzt, weil dessen unbemannte Systeme im automatischen Modus weiter ihre Waffen einsetzen und dabei technisch bedingt nicht alle Regeln des Völkerrechts einhalten können? Insoweit eine Konfliktpartei die gegnerischen Systeme durch Jamming von deren „Steuerleuten" trennt, kann man die Berufung der das Jamming nutzenden Partei auf die Rechtsverstöße der unbemannten Systeme der Gegenseite allerdings nur als rechtsmissbräuchlich betrachten, denn das Jamming kann nicht zum rechtlichen Nachteil der gestörten Gegner und ganz sicher nicht zur Rechtspflicht zum Abbruch des Einsatzes von deren eingesetzten Systemen führen. Eine entsprechende völkerrechtliche Regel wäre aus rechtlichen Gründen widersprüchlich und aus praktischen Gründen von vornherein zum Scheitern verurteilt.

Der Einsatz von EloKa kann im Ergebnis nicht zum rechtlichen Nachteil des gestörten Gegners führen und damit auch nicht zu einer Haftung des Offiziers für Vorgänge, die er wider seinen Willen nicht steuern kann.

3.3. Völkerrechtliches Verbot von sogenannten „autonomen" Systemen?

Entwicklung und Verwendung von „autonomen Systemen" werden von einer Kakophonie von Warnungen vor gefährlichen Entwicklungen für die Sicherheit von Staaten und Bedrohungen für das Humanitäre Völkerrecht begleitet. Forderungen nach einem völkerrechtlich verankerten Verbot konzentrieren sich dann insbesondere auf Drohnen, die aber nach der UK-Definition nicht autonom sind, sondern automatisiert, und werden mit großem Nachdruck vertreten.[194] Zuweilen bedient man sich ungeachtet erkennbar enger technologischer Grenzen und logischer Brüche in den hypothetischen Science-Fiction-Plots ungehemmt einer manipulativen Überwältigungsästhetik.[195]

Die Begründung für Verbote lautet, es dürfe keine Systeme für militärische Verwendungen geben, die ohne Beteiligung des Menschen töten. In den programmatischen Formulierungen wird die Befürchtung geäußert, dass schon in wenigen Jahren Systeme existieren könnten, die nach ihrer Aktivierung ganz eigenständig Ziele auswählen.[196] Die oben geschilderten Aussichten auf künftige technologische Entwicklungen lassen das als durchaus möglich erscheinen.

Die logischen Brüche in der Begründung der aktuellen Forderungen nach Ächtung von „Drohnen" sind leicht erkennbar. Zum einen an der im Frühjahr 2020 in Deutschland begonnenen öffentliche Diskussion zu dem Thema.[197] Im Fokus steht die Flugdrohne Heron TP, die ähnliche Funktionen wie der MQ-9 bietet und die definitiv kein Gerät ist, das ohne Zielzuweisung und Aktivierung durch Soldaten seine Tätigkeit beginnt. Sie hält im Moment als Beispiel her für die Forderungen von Aktivisten zur Ächtung von Systemen, die angeblich ohne Beteiligung von Menschen angreifen, zerstören und töten können. Der Generalinspekteur der Bundeswehr wies daher im Mai 2020 zu Recht darauf hin, dass das so erzeugte Zerrbild der „Killerdrohne" an der Realität der Sicherheitspolitik und der Streitkräfteeinsätze vorbeigeht.[198] Zudem gilt, dass auch solche Systeme, die nach Aktivierung eigenständig entscheiden, ob sie überhaupt einen Waffeneinsatz beginnen, eine vorhergehende Programmierung benötigen, die sie in die Lage versetzt, eigenständig Zielauswahl und Angriffsentscheidung zu treffen. Aus Sicht des Anwenders macht deren Verwendung auch nur dann Sinn, wenn sie den vorher abstrakt programmierten Willen zuverlässig konkret vollziehen. Auch bei solchen Systemen ist also zwingend der Mensch die entscheidende Instanz, die über die Vorauswahl oder zumindest die Definition potenzieller Ziele entscheidet, die Maschinen aktiviert und rechtliche Verantwortung übernimmt. Damit ist die Argumentation der Aktivisten schon in sich unbegründet und widersprüchlich.

Weiterhin sind die Befürchtungen der Befürworter von Verboten autonom entscheidender Systeme über eine Proliferation z. B. von Miniaturdrohnen für Terrorattacken mit den Realitäten zu konfrontieren. Die Schwarmattacke ist nicht so einfach, wie sie in einem Video dargestellt wird.[199] Das massenweise Einkaufen oder Nachbauen von zivilen Drohnen allein reicht nicht. Die für eine Aktion vorgesehenen Drohnen müssten auch mit mehr Rechenleistung, zusätzlichen Sensoren sowie Effektoren ausgestattet und so programmiert werden, dass sie sich als Schwarm koordinieren, gemeinsam ein Ziel verfolgen und Wirkung erzielen können – eine Aufgabe für Strukturen mit erheblicher technologischer Leistungsfähigkeit.

Dennoch sind die häufig von sogenannten Menschenrechtsgruppen erhobenen Forderungen gar nicht so weit entfernt von der Positionierung prominenter Vertreter z. B. der US-Streitkräfte, die deutlich die Einhaltung ethischer Regeln im bewaffneten Konflikt und die Vorherrschaft des Menschen über die Entscheidung zur Anwendung letaler Gewalt fordern – zugleich aber betonen, dass sich konkurrierende Mächte möglicherweise nicht daran halten werden und deshalb die Beherrschung der Technologien zur Bekämpfung aller künftig denkbaren Bedrohungen zwingend geboten ist.[200] Wer angreifende (unbemannte) Systeme abwehren will, braucht seinerseits Systeme, die schnell genug entscheiden und reagieren können, die Bundeswehr etwa verfügt diesbezüglich über entsprechende praktische Einsatzerfahrung.[201] Absehbar ist dies angesichts der aufkommenden Hyperschalltechnologie künftig zumindest für die Flugkörperabwehr möglicherweise nur ohne „Man in the Loop" realisierbar – es bleibt aber die Option des „Man on the Loop". Die Gedankengänge der Militärs zielen daher weniger auf einzelne Systeme, sondern eher auf die Risiken, die aus der Verwendung von „Supercomputern" als Leitzentralen für eine Vielfalt von Waffensystemen resultieren könnten, wenn sie anstelle von Menschen grundlegende Entscheidungen treffen, deren Wirkung über den Einsatz eines einzelnen Systems weit hinausgehen. Pointiert: Das Problem ist weniger der Terminator, sondern vielmehr ein mögliches Skynet. Daraus folgt die Notwendigkeit, die Systeme so zu gestalten, dass Soldaten möglichst als „Man in the Loop" die Systemaktion auslösen oder mindestens als „Man on the Loop" die Systemaktion rasch beenden können.

Die Forderungen nach völkerrechtlichen Verboten müssen zudem diversen Fragen standhalten: Wo setzt man an – Entwicklung, Proliferation, Verwendung? Würden Verbote effektiv kontrollierbar sein? Die lange Historie der Versuche, Entwicklung, Verbreitung und Gebrauch von Waffen einzugrenzen, lehrt eines: dass Verbote nur dann funktionieren, wenn sich alle potenziellen Konfliktparteien von sich aus motiviert sind, sich daran zu halten oder eine überlegene Macht für die Durchsetzung sorgt.[202] Wo genau sollte ein Entwicklungsverbot ansetzen, wenn die Technologien, die etwa in einer MQ-9 oder in einem Boot wie Protector verbaut sind, überwiegend zivilen Ursprungs sind und aus Produkten, die jederzeit auf legalem Wege erwerbbar sind, innerhalb von Tagen eine funktionsfähige Drohne gebaut werden kann? Die Kontrolle der Verbreitung von Technologien, deren hervorstechendstes Merkmal die rasante Miniaturisierung ist, wird zudem von vornherein zum Scheitern verurteilt sein. Das Paradoxon solcher Verbote und die besondere in ihnen liegende Gefahr besteht schließlich darin, dass solche Verbote vorteilhaft gerade für den sein können, der sich nicht an die Regeln hält.

3.4. Völkerrecht und Cyber-Operationen

3.4.1. Cyberraum und Konfliktvölkerrecht

Die seit 1945 deutlich sichtbare Tendenz zum völkerrechtlich nicht erklärten Krieg erhält durch die „fünfte Dimension", den Cyberspace, gut sichtbar einen ganz neuen Treiber. Der Cyberkrieg wird schon lange geführt, wie u. a. Stuxnet, der russische Angriff auf Datennetzwerke des Deutschen Bundestages und Computer von Mitgliedern des Parlaments[203] oder die Attacke „NotPetya" zeigen.[204]

Durch Verwendung von Mitteln der Informationstechnologie im Cyberraum in Krisen und bewaffneten Konflikten entstehen neuartige Sachverhalte, die sich vom Einsatz kinetischer Effektoren (Kriegswaffen) im Hinblick auf die technische Auslegung der Durchführung eines Angriffs unterscheiden. Spätestens seit Stuxnet ist bewiesen, dass die virtuellen Instrumente der IT mit zerstörender Wirkung ähnlich wie eine Waffe genutzt werden können. Stuxnet demonstriert zugleich auch, dass sich die mit den Mitteln der IT erzielten Wirkungen von denen kinetischer Effektoren unterscheiden (können). Alternativ wäre es theoretisch möglich gewesen, die Urananreicherungsanlagen und mit ihnen die Zentrifugen durch Einsatz von Flugkörpern oder Bomben zu zerstören. Stuxnet hat allein die dort betriebenen Zentrifugen unbrauchbar gemacht.

Cyber-Operationen weisen aber noch weitere vielfältige **Besonderheiten** auf:

1. Gestaltlosigkeit einer Software wie Stuxnet
2. weltweite schnelle und unsichtbare Verbreitung von Schadsoftware über das neutrale Internet
3. überaus schwierige oder fehlende Rückverfolgbarkeit
4. fehlende Steuerbarkeit, wenn eine Kopie der Schadsoftware ein geschlossenes System erreicht hat
5. Erzielung von Wirkungen auch durch nichtstaatliche und/oder zivile Akteure, die dem Einsatz von Kriegswaffen gleichkommen

Nur einige Fragen an das Völkerrecht: Wie erheblich oder wirksam muss ein Angriff aus dem Cyberraum sein, damit sich ein Staat auf Artikel 51 der UN-Charta berufen und sein Selbstverteidigungsrecht in Anspruch nehmen kann? Vor der legitimen Selbstverteidigung steht die sichere Zurechnung des Angriffs zu einem anderen Staat. Wie kann dem kriegsvölkerrechtlichen Unterscheidungsgebot Rechnung getragen werden, da doch der Cyberraum ein Dual-Use-Gut ist. Ist der Cyberraum gar (völker-)rechtsfrei?

Um mit der letzten Frage anzufangen: Für den Cyberraum gibt es keine speziellen konfliktvölkerrechtlichen Normen in Form internationaler Verträge, Konventionen oder Protokolle. Dennoch ist der Cyberraum nicht rechtsfrei. Die aktuell greifbare „Ersatzstrategie liegt in der Nutzbarmachung allgemeiner Grundsätze und Grundregeln des Völkerrechts. Es stellt sich die Frage einer möglichen evolutiv-dynamischen Auslegung und Fortentwicklung der völkerrechtlichen Grundregeln. Diese allgemeinen Grundsätze und Grundregeln sind unbestimmt und vage genug, um einer entsprechenden dynamischen Konstruktion und Fortsetzung zugänglich zu sein."[205] Die hergebrachten Regeln des Völkerrechts können in diesem Sinne auf ihre Anwendbarkeit auf Operationen im Cyberraum hin untersucht werden. Das „Tallinn Manual 2.0 on the International Law applicable to Cyber Operations"[206] unternimmt genau das. Es ist keine völkerrechtliche Rechtsquelle, sondern Bestandsaufnahme und Rechtsratgeber, der aktuelle Regeln des Völkerrechts auf ihre Anwendbarkeit auf Vorgänge im Cyberraum hin analysiert. Die beteiligten Experten aus allen Kontinenten haben hier einen Konsens erarbeitet, der seine Basis in ihrer persönlichen fachlichen Kompetenz hat und nicht die Auffassungen ihrer jeweiligen Heimatstaaten widerspiegelt.[207] Der Prozess der Findung konsentierter Rechtsvorstellungen über erlaubtes und völkerrechtswidriges Handeln im Cyberraum ist also bereits im Gange.[208] Das Tallinn Manual zeigt deutlich, wie schwierig es sein wird, solchen Konsens unter konkurrierenden Staaten herzustellen. Es demonstriert aber auch, wie man mit den anerkannten Methoden der Rechtswissenschaft zu mehrheitsfähigen Konklusionen und klaren Formulierungen kommen kann. Der Cyberraum ist nicht rechtsfrei, wie die Regel 4 des Tallinn Manual 2.0 deutlich macht: „A State must not conduct cyber operations that violate the sovereignty of another State."[209]

Weiterhin gilt, dass Angriffe auch im Cyberraum stets verortet werden können, mithin gilt auch das jeweilige staatliche Recht des Ortes. Der Cyberraum ist zwar im wahrsten Sinne des Wortes „überall", aber die Auslösung eines Angriffs hat einen geografisch bestimmten Ort, ebenso das Ziel und letztlich auch die Durchleitung von Software via Satellit, Knotenpunkt, Server und Kabelnetz, die jeweils einem oder mehreren Staaten zugeordnet werden können. Fraglich ist lediglich, ob der Angegriffene den Ausgangspunkt oder den genauen Verlauf eines Angriffs beweiskräftig herausfinden kann, weil sich dies mehr oder weniger gut verschleiern lässt.

3.4.2. Verbotene Einmischung

Für die völkerrechtliche Beurteilung, ob Souveränitätsverletzungen, verbotene Einmischungen in innere Angelegenheiten oder gar Angriffe im Sinne von Artikel 51 der UN-Charta vorliegen, setzt man den

Hebel zunächst einmal bei der realen Wirkung des Angriffs an.[210] Danach ist die Frage nach der Herkunft des Angriffs zu klären.

Der Einsatz von Schadsoftware ist ein wesentliches Unterscheidungsmerkmal gegenüber reinen Desinformations-, Spionage- oder Täuschungskampagnen. Die vom Völkerrecht verbotene Einmischung in innere Angelegenheiten ist die unterste Schwelle noch vor dem gewaltsamen Angriff und setzt einen Zwangscharakter der Wirkungen der Operation voraus, der sich gegenüber dem angegriffenen Staat auswirkt. Das Tallinn Manual 2.0 formuliert es in seiner Regel 66 recht knapp: „A State may not intervene, including by cyber means, in the internal or external affairs of another State." und beruft sich dabei auf Völkergewohnheitsrecht.[211]

Die Angriffe insbesondere auf das Bankensystem in Estland 2007[212] führten zum zeitweiligen Aussetzen der Verfügbarkeit von IT-Infrastrukturen von Banken. Die Folgen verbleiben nicht in der virtuellen Welt. Es hat unmittelbaren Einfluss auf Tagesgeschehen und Geschäftätigkeit der Bevölkerung. Damit ist der Staat zumindest indirekt mitbetroffen, weil seine Schutzpflichten gegenüber der Bevölkerung tangiert sind und Reaktionen der betroffenen Bürger Auswirkungen auf die innere politische Stabilität haben können. Direkt durch den Angriff ausgelöste Sachbeschädigungen oder Verletzungen bzw. Tötungen von Menschen sind nicht bekannt. Abstrahiert kann man das so beschreiben: „Die Beeinträchtigung der Verfügbarkeit hat also aufgrund der hohen Abhängigkeit von der Funktionsfähigkeit des globalen Cyberraums unmittelbaren Einfluss auf die Stimmung einer Gesellschaft, auf die Leistungsfähigkeit ihrer Wirtschaft, auf die Fähigkeit eines Staates, seine hoheitlichen Aufgaben kontinuierlich wahrzunehmen und damit auf die Stabilität eines Staates als Ganzes."[213] Deshalb haben die Cyberangriffe auf Ziele in Estland 2007 Zwangscharakter aufgewiesen und müssen daher als Einmischungen in innere Angelegenheiten eines fremden Staates qualifiziert werden.

Ein hypothetischer maritimer Fall[214] soll verdeutlichen, dass durch Operationen im Cyberraum eine Vielzahl von Staaten betroffen sein kann. Das maritime Umfeld wird deshalb gewählt, weil es scheint, dass bisher die gefährliche Verbindung der virtuellen Optionen mit den besonderen Empfindlichkeiten des maritimen Umfeldes nicht die notwendige Aufmerksamkeit erfährt.[215]

Der Sachverhalt:

Ein Tanker mit Eigner im Staat A und Registrierung im Register des Staates B fährt in einen Hafen im Staat C (Hafenstaat) ein, während der Anfahrt zum Ölterminal verliert die Crew etliche Seemeilen vor dem Hafen die Kontrolle, das Schiff fährt mit voller Kraft Bug voran in die Pier des Terminals. Die Pier wird beschädigt, der Tanker weist Schäden am Vorschiff auf, Öl tritt aus. Bei der nachfolgenden Untersuchung findet sich Malware im Steuerungssystem des Schiffes und schließlich auch Beweise, dass die Malware ihren Ursprung im Staat D hatte, über das Internet in das Bordsystem eingedrungen ist und die Kontrolle über das Schiff übernommen hat.

Die anwendbaren Rechtsnormen:

Es gilt das UNCLOS III,[216] jedenfalls soweit die Staaten, in deren Gebiet ein Vorfall geschieht bzw. in denen die Träger der betroffenen Rechtsgüter beheimatet sind, das Abkommen ratifiziert haben. Der Sachverhalt lässt offen, wie groß die Entfernung des Schiffes zum Hafen im Moment der Kontrollübernahme war. Wenn die Übernahme der Steuerung des Schiffes durch die Malware auf der Hohen See i.S.v. Artikel 86 UNCLOS III (also in mehr als 200 Seemeilen Entfernung von der Küstenlinie) geschah, handelt es sich um eine Verletzung der Navigationsfreiheit des Staates B als Flaggenstaat aus Artikel 87 Abs. 1 i.V.m. Artikel 90 UNCLOS III. Sofern die Übernahme der Kontrolle in einer ausschließlichen Wirtschaftszone i.S.v. Artikel 55 UNCLOS III stattfand, ist ebenfalls das Navigationsrecht des Flaggenstaates des Schiffes verletzt; es gilt Artikel 58 Abs. 1 i.V.m. Artikel 87 Abs. 1 UN-CLOS III. Da der Kontrollverlust bis zur Kollision mit der Pier andauerte, war zudem auch das Recht des Flaggenstaates des Schiffes zur friedlichen Durchfahrt durch Territorialgewässer (Zwölf-Meilen-Zone) eines anderen Staates nach Artikel 17 i.V.m. Artikel 3 UNCLOS III verletzt. Weiterhin wird durch die Verursacher der Kontrollübernahme die Verpflichtung zum Schutz der maritimen Umwelt aus Artikel 192 UNCLOS III verletzt. Schließlich ist auch noch der Hafenstaat in seinen Rechten auf Unverletzlichkeit der Souveränität betroffen, weil in seinem Staatsgebiet gelegene private Infrastruktur beschädigt wird, und der Heimatstaat des Schiffseigners, weil eines seiner Rechtssubjekte beeinträchtigt sind. Es gelten Artikel 2 Abs. 1 UNCLOS III und Regel 4 des Tallinn Manual 2.0: „A State must not conduct cyber operations that violate the sovereignty of another State."[217] Diese rechtlichen Weichenstellungen gelten unabhängig davon, ob es sich bei dem Schiff und bei der Pier um staatliches oder privates Eigentum von Rechtssubjekten, die von der Jurisdiktion des betroffenen Staates erfasst werden, handelt,[218] denn die Souveränität eines Staates liegt gerade darin, die Funktionen eines Staates auszuüben.[219] Hier sind Flaggenstaat (Staat B) und Hafenstaat (Staat C) betroffen hinsichtlich ihrer souveränen Befugnisse zur Durchsetzung ihrer Rechtsordnung inklusive Schutz der Rechte ihrer Rechtssubjekte und Gewährleistung ihres Gewaltmonopols. Dieses Souveränitätskonstrukt im Hinblick auf die Herleitung der Begründung des Vorliegens von Souveränitätsverletzungen durch Cyber-Operationen wird nicht von allen Staaten geteilt, ist unter Völkerrechtlern umstritten, und auch vom Herausgeber des Tallinn Manual 2.0 wird ein diesbezüglich fortbestehender Diskussionsbedarf gesehen.[220]

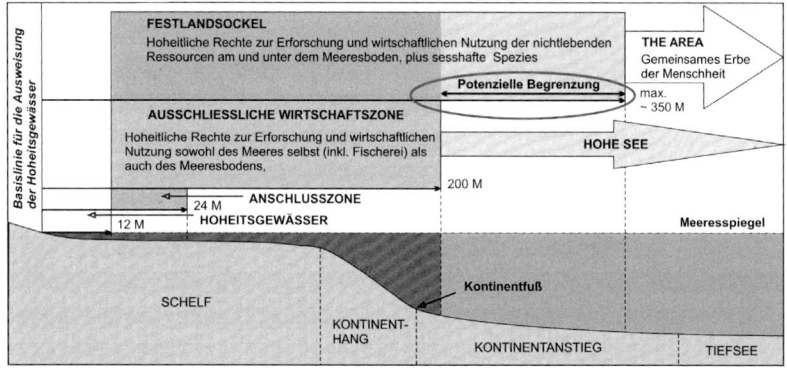

Darstellung der maritimen Zonen

3.4.3. Gewaltsamer Angriff und Selbstverteidigungsrecht

Artikel 51 der UN-Charta bestätigt das überlieferte Recht jedes Staates auf Selbstverteidigung oder Bündnisverteidigung gegen bewaffnete Angriffe:

> „Nothing in the present Charter shall impair the inherent right of individual or collective self-defence if an armed attack occurs ..."[221]

Das Tallinn Manual 2.0 nimmt diesen Maßstab im Hinblick auf Cyber-Operationen in seine Regel 71 auf:

> „A State that is the target of a cyber operation that rises to the level of an armed attack may exercise its inherent right of self-defence. Whether a cyber operation constitute an armed attack depends on its scale and effects."[222]

Welche Schadenswirkung muss dann mindestens ausgelöst werden, damit ein Staat das Selbstverteidigungsrecht geltend machen kann?

Erst solche Zwangswirkungen aus dem Cyberraum, die physische Zerstörungen verursachen oder Menschen verletzten oder töten, verletzen das völkerrechtliche Verbot des bewaffneten Angriffs. Dies lässt sich gut

begründen: Zwar ist der Begriff „bewaffneter Angriff" historisch über-
liefert mit militärischer Waffengewalt verbunden, aber das Konflikt-
völkerrecht gibt keine bestimmten Wege oder Methoden für den „bewaffneten Angriff" vor, sondern hat die physisch-destruktive Wirkung
im Fokus. Das Völkerrecht legt sich nicht fest auf bestimmte Wirkmittel
oder Technologien, es ist offen für neue Mittel der Gewaltausübung
und macht die Wirkung zum entscheidenden Faktor. So lässt sich auch
begründen, dass ein Cyberangriff abhängig von seinen Wirkungen wie
ein bewaffneter Angriff gewertet werden und das Selbstverteidigungsrecht aus Artikel 51 der UN-Charta auslösen kann.[223]

Eine quantitative Festlegung der Untergrenze für den gewaltsamen
Angriff ist weder in den genannten völkerrechtlichen Normen enthalten noch durch die internationale Rechtsprechung erfolgt, es müssen mindestens physische Zerstörungen von Sachen geschehen oder
Menschen verletzt oder getötet werden.[224]

Die Einordnung der Stuxnet-Attacke als vergleichbar mit bewaffne-
tem Angriff war unter den Experten, die das Tallinn Manual 2.0 er-
arbeiteten, umstritten.[225] Manche Völkerrechtler sehen die Stuxnet-
Attacke noch unterhalb dieser Schwelle, sehen es aber als sinnvoll an,
eine fortgesetzte Reihe von Angriffen mit vergleichbarer Wirkung in
der Gesamtheit als ausreichend anzusehen, um militärische Gegenmaßnahmen in verhältnismäßigem Umfang zu rechtfertigen.[226] Die
Anzahl und der Wert der zerstörten Zentrifugen hielt sich in Grenzen,
aber wegen der mehrfachen Wiederholung der „Nadelstiche" und der
weiterhin gegebenen Wiederholbarkeit, kann man es durchaus vertreten, diese Attacken als einem bewaffneten Angriff gleichwertig
einzuordnen – das würde aber unter Staaten sicher umstritten sein.
Den hypothetischen Tankerfall aus Kapitel 4.2. kann man dagegen
mit größerer Gewissheit einordnen als einem bewaffneten Angriff
vergleichbar, denn Schäden an Schiff und Pier wären alternativ entweder durch Kriegswaffen erzielbar gewesen oder durch an Bord des
Schiffes verbrachte Soldaten.

Wie ist eine Attacke wie „NotPetya" einzuordnen? Keine physischen Zerstörungen, aber finanziell folgenreiche Unterbrechungen, Schäden verteilt auf viele geschädigte Unternehmen und Staaten, Gesamtschaden geschätzt etwa zehn Milliarden US-$ – das alles allein durch Unterbrechung von digitalen Vorgängen.[227] Durch militärische Angriffe wäre diese Art der Unterbrechung kaum erreichbar. Wie viele Staaten, Gebäude, Häfen, Schiffe müsste man mit kinetischen Waffen angreifen, um einen ähnlichen Schaden zu erzeugen? Diese Attacke entzieht sich der Vergleichbarkeit von Cyberattacken mit militärischen Angriffen, weil die Vergleichbarkeit aufbaut auf sichtbaren physischen Zerstörungswirkungen. Wie NotPetya zeigt, können Cyberattacken aber ohne sichtbare Zerstörung Wirtschaft und Staaten in ihrer Existenz gefährden. Hierauf muss das Völkerrecht Antworten finden – und die Sicherheitspolitik jedes Staates ebenfalls. Die Folgen von Nachlässigkeiten in der Cyberabwehr können tödlicher sein als Angriffe von gegnerischen Streitkräften.

Welche Reaktionen auf einen bewaffneten Angriff sind völkerrechtlich zulässig?

Das völkergewohnheitsrechtlich überlieferte Selbstverteidigungsrecht, auf das Artikel 51 der UN-Charta Bezug nimmt, gibt dem angegriffenen Staat die Befugnis, mit den ihm zu Verfügung stehenden Mitteln im Rahmen der Erforderlichkeit zur Wahrnehmung der Selbstverteidigung und proportional zu reagieren und dabei defensiv wie offensiv vorzugehen, um den Gegner von weiteren Angriffen abzubringen.[228] Für die Verteidigung mit Mitteln des Cyberraums formuliert das Tallinn Manual 2.0 in seiner Regel 72:[229]

> „A use of force involving cyber operations undertaken by a State in the exercise of its right of self-defence must be necessary and proportionate."

Damit gewährt das Völkerrecht angegriffenen Staaten die Befugnis, zur Selbstverteidigung die erforderlichen und verhältnismäßigen

Maßnahmen vorzunehmen. Die Beschränkung gilt hinsichtlich der Erforderlichkeit und Proportionalität der Reaktion: Angriffe dürfen mit Vorgehensweisen beantwortet werden, die vergleichbar wirksam sind. Die Selbstverteidigung ist daher nicht auf bestimmte oder spiegelgleiche Mittel beschränkt. Staaten dürfen mit den Mitteln reagieren, die ihnen zur Verfügung stehen – nicht jeder Staat wird mit den Mitteln einer Cyber-Operation reagieren können. Die Wahl der Mittel ist frei: „So kann auch mit einem Cybereffekt auf eine klassische Aggression geantwortet werden, wenn es die Situation erfordert. ... Umgekehrt kann aber auch auf eine Cyberattacke mit klassischen Mitteln reagiert werden."[230]

3.4.4. Problem der Zuordnung von Cyberaktivitäten

In der Praxis bleibt das Zuordnungsproblem – kein legitimer Gegenschlag ohne hinreichend sicheren Beweis der Verantwortlichkeit des Staates, gegen den die Selbstverteidigungsmaßnahmen gerichtet sind.

Die Zurechnungsproblematik eröffnet im Zusammenhang mit den vielfältigen Täuschungsmöglichkeiten neue Optionen für Destabilisierungskampagnen. Daraus können Risiken für die internationale Stabilität und den Frieden entstehen. Sowohl die Verschleierung des tatsächlichen Verursachers ist technisch möglich als auch das Legen von „Datenfährten", die die Verursachung durch einen anderen Staat vortäuschen. Oder ganz simple Vertuschungsversuche mit organisatorischen Mitteln, z. B. russische Trollfabriken oder chinesische Hackerbrigaden ermöglichen den Staaten eine vordergründige Distanzierung zur Herstellung eines Zustands der „plausible deniability".[231]

Dem angegriffenen Staat wird man nicht absprechen können, allen Verdachtsmomenten gegebenenfalls auch gegen mehrere andere Staaten als mögliche Verursacher nachzugehen. Dazu wird auch das Eindringen in fremde Datensysteme u.a. mit Aufklärungssoftware notwendig sein – also eine von vielen Formen des sogenannten „Hackback", die von Informationskampagnen über Aufklärung bis hin zu Angriffen auf Infrastrukturen reichen. Solange nicht beweiskräftig aufgeklärt ist, von welchem der verdächtigen Staaten ein Angriff tatsächlich ausging, müssen die Maßnahmen im Rahmen der Aufklärung bleiben.

3.4.5. Staatliche Verantwortlichkeit bei Handlungen nichtstaatlicher Akteure

Noch komplexer wird es bei der Frage der mittelbaren Verantwortlichkeit eines Staates bei Handlungen Dritter,[232] die er verpflichtet ist, zumindest nicht zu unterstützen oder gar zu unterbinden. Die gewohnheitsrechtlich geltenden Regeln über die Zurechnung von Gewalt nichtstaatlicher Akteure können übertragen werden auf private Hackergruppen. Indes wird es schwierig sein, dem Staat, von dem aus sie agieren, eine Unterstützung oder Duldung von Aktivitäten zu beweisen.[233] Das Tallinn Manual 2.0 unternimmt genau das in seinen Regeln 6 und 7:[234]

Regel 6:

> „A State must exercise due diligence in not allowing its territory, or territory or cyber infrastructure under its governmental control, to be used for cyber operations that effect the right of, and produce serious adverse consequences for, other States."

Regel 7:

> „The principle of due diligence requires a State to take all measures that are feasible in the circumstances to put an end to cyber operations that effect a right of, and produce serious adverse consequences for, other States."

Diese Regeln beschreiben Pflichten jedes Staates zur Unterbindung von Cyber-Operationen, die aus einem von ihm kontrollierten Bereich des Cyberraums ausgehen (Staatsgebiet, Schiffe, Flugzeuge, Satelliten). Aus der Verletzung dieser Pflicht, mithin durch das Unterlassen der gebotenen und möglichen Maßnahmen zur Unterbindung, kann eine Haftung folgen. Zweifel werden geäußert an der Entschiedenheit der Formulierung „must" in Regel 6, Staaten würden eher ein „should" präferieren und damit den Grad und den Zeitraum des Bestehens der Verpflichtung flexibilisieren.[235]

Die rechtliche Zurechnung ist dann möglich, wenn nichtstaatliche Akteure unter effektiver Kontrolle des betreffenden Staates stehen oder im Sinne der „due diligence" unter Kontrolle stehen müss(t)en.[236] Beispiel: Trollfabriken oder Hackerbrigaden sind strukturell so große Einheiten, dass sie kaum ohne Mitwissen und Unterstützung der Staaten existieren, geschweige denn operieren können. Wenn man die aktive Unterstützung nicht beweisen kann, bleibt noch die Geltendmachung einer Pflicht zur Unterbindung von solchen Aktivitäten. Aus der territorialen Souveränität, dem Gewaltmonopol und den völkerrechtlichen Geboten zur Friedenserhaltung folgen Pflichten des Staates zur Überwachung und zum Vorgehen gegen private Schädigungshandlungen. Anders gewendet läuft es auf einen Maßstab der „due diligence" in der Unterbindung feindlicher Aktivitäten hinaus, die von seinem Hoheitsbereich ausgehen. Stoppt der betreffende Staat die Hackerbrigaden nicht, handelt er durch Unterlassen und kann damit gegebenenfalls sogar durch ein Unterlassen das völkerrechtliche Gewaltverbot verletzen.

4. ETHIK, UNBEMANNTE SYSTEME UND CYBER-OPERATIONEN

4.1. Ethik und Recht

Ethik und Recht sind stets voneinander zu unterscheiden. Das Recht regelt den Raum der Beziehungen von Menschen untereinander, ihre die Interaktion betreffenden Berechtigungen und Verpflichtungen gegenüber anderen Personen oder Personengruppen. Das Recht ermöglicht die Sanktionierung der Übertretung von rechtlichen Grenzen. Das Recht bewertet mit der Sanktion das Handeln und damit das Innere des Menschen vom äußeren Geschehen her.

Die Ethik dagegen bewertet das äußere Geschehen ausgehend vom inneren Anspruch des Menschen. Ethik kann man verkürzt als die philosophische Erklärung und Begründung des Sittlichen beschreiben – sowohl des sittlich richtigen wie des sittlich falschen Verhaltens. Die Ethik wendet sich an den einzelnen Menschen und seine innere Instanz für die Frage nach dem richtigen und dem falschen Verhalten bzw. Handeln durch Tun oder Unterlassen. Sie weist mit ihren Ansprüchen allerdings über den Einzelnen hinaus, gerade indem sie an dessen Mitverantwortlichkeit für die sittliche Ordnung der menschlichen Gemeinschaft appelliert. Daraus entsteht auch die im Kantschen Gesetz formulierte gegenseitige Erwartungshaltung. Eine so verstandene Ethik unterscheidet sich vom Recht jedoch ganz deutlich dadurch, dass die Ethik nur die Sanktion kennt, die sich das Individuum selbst auferlegt. Ethik zielt daher exklusiv auf die Steuerung von Verhalten ex ante und nicht wie das Recht auf Steuerung ex ante und Sanktionierung ex post.[237]

Der Staat darf seine eigene Integrität und Rechtsgüter, seine Souveränität und Funktionalität und die Rechtsgüter seiner Rechtssubjekte schützen. Aus seiner Verpflichtung, die Rechtsgüter der ihm anvertrauten Rechtssubjekte zu schützen, folgt eine Verpflichtung, die eigene Integrität zu erhalten, um den Verpflichtungen gegenüber seinen Rechtssubjekten gerecht werden zu können. Befugnis und Verpflichtung zur Selbstbehauptung sind ein grundlegender Teil der Existenzberechtigung des Staates. Die für Konflikte geltende Ethik erkennt daher die ethische Legitimität der Selbstbehauptung eines Staates an.

Das heißt keineswegs, dass die legitime Selbstbehauptung des Staates von allen Fesseln und Regeln befreit ist. Ethik stellt positive Leitwerte auf für das Verhalten von Beteiligten und negative Grenzlinien für das Verhalten, die nicht überschritten werden sollen. Ethik im Konflikt heißt, minimale Standards von Humanität gegen den Zugriff militärischer Bedürfnisse zu sichern und vor allem Leitplanken einzuziehen gegen überschießende oder willkürliche Gewaltausübung.

4.2. Ohne Maschinen gegen Maschinen?

Es stellt sich eine erste grundsätzliche ethische Frage: Kann es die Führung einer Konfliktpartei verantworten, ihre Soldaten gegen unbemannte Systeme antreten zu lassen, wenn sie ihre Streitkräfte mit keinen oder mit deutlich weniger unbemannten Systemen als der (potenzielle) Gegner ausrüstet? In dem Wissen, dass Maschinen allein durch ihre schnelleren OODA-Loops[238] im Vorteil sind. In dem Wissen, dass der Gegner die zerstörten Maschinen ersetzen kann, die eigenen Soldaten aber ihr Leben endgültig verlieren oder als Kriegsversehrte aus dem Kampf ausscheiden können. In dem Wissen, dass man möglicherweise ganze Generationen „verheizt" gegen die ständig nachproduzierten Systeme des Gegners. In dem Wissen, dass die eigenen Soldaten den eigenen Staat und die eigene Zivilbevölkerung so nicht hinreichend schützen können.

Die Antwort liegt klar auf der Hand. Nimmt der Staat Menschen in die Pflicht, ihn unter Einsatz von Leib und Leben zu verteidigen, ist er im Gegenzug ethisch verpflichtet, seine Soldaten optimal auszurüsten – optimal gemessen an den Möglichkeiten, die der Staat technologisch und finanziell hat. Daraus folgt ein ethisches Gebot zur bestmöglichen Ausrüstung der Soldaten mit der Technologie, die erforderlich ist, um einen Angreifer und dessen Ausrüstung erfolgreich und mit möglichst begrenztem, eigenem Risiko bekämpfen zu können.

4.3. Systeme und Ethik

4.3.1. Im laufenden Konflikt

Im laufenden Konflikt oder Gefecht braucht es nicht nur wegen der Normen des Humanitären Völkerrechts Kontrolle von technischen Systemen durch Soldaten, sondern auch aus ethischen Gründen. Es gehört seit Langem zur Zivilisierung des Konflikts, kampfunfähige Gegner zu verschonen und das gegnerische Signal zur Aufgabe der Kampfhandlung zu akzeptieren. Können Systeme die entsprechenden Situationen nicht selbst verlässlich erkennen, müssen Soldaten in die Lage versetzt werden, die Systeme zu stoppen. In diesen Situationen wird der Gegner wieder zu einem Menschen, dessen Lebensrecht zählt.

Diese humane Komponente wird noch deutlicher in Situationen, die Soldaten auf Erkundungsmissionen antreffen können. In seltenen Fällen trifft der Kundschafter auf Gegner, die buchstäblich wehrlos sind, weil sie ihre Waffen abgelegt haben und ganz profanen menschlichen Bedürfnissen nachgehen. Sofern er zweifelsfrei als Kombattant erkennbar ist, ist es allerdings keine völkerrechtliche Pflicht, den wehr- und ahnungslosen Gegner zu verschonen – er könnte schon bald wieder kämpfen. Aber hier begegnet der Soldat dem Gegner als Menschen mit seinen Bedürfnissen, Wünschen, seiner Verletzlichkeit und Würde. Nicht selten haben Kundschafter in solchen Situationen Abstand genommen vom tödlichen Schuss auf kampfunfähige Gegner und offenbaren damit jedenfalls ihre Fähigkeit zur Empathie.[239] Im Hintergrund stehen aber sicher auch ethische Überlegungen über Grenzen der Berechtigung zum Töten im Rahmen des Krieges – abgesehen von Nützlichkeitserwägungen, denn militärische Klugheit kann es gebieten, die Nähe eines Kundschafters nicht durch Anwendung von Waffengewalt zu offenbaren. Anders als in den Fällen der Kampfunfähigkeit und der Aufgabe kann man keine ethische Pflicht zur Empathie herleiten. Es ist eine Gnadenentscheidung des einzelnen Soldaten. Gnade kann nicht verlangt werden, weder vom Soldaten noch von der eigenständig agierenden Maschine. Maschinen werden solche Gnadenentscheidungen nicht treffen (können). Im Vergleich zu den Fällen der Kampfunfähigkeit und der Aufgabe sind die Fälle des wehr- und ahnungslosen Gegners die seltene Ausnahme, daher bewirkt der Einsatz eigenständig agierender Maschinen quantitativ keine wesentliche Änderung der Bedingungen auf dem Kampfplatz. Dennoch erwächst aus dem Defizit der Maschinen eine ethisch begründete Pflicht des Menschen zur effektiven Kontrolle seiner Maschinen, zumindest als „Man on the Loop".

4.3.2. In Spannungssituationen

Dass technische Systeme in der Zukunft einmal in Spannungssituationen noch vor dem ersten Schuss komplexe Entscheidungen unter Einbeziehung von politischen Hintergründen über das Ob und Was eines Waffeneinsatzes fällen können, liegt im Bereich des Möglichen, auch wenn es aktuell und auf absehbare Zeit technologisch deutliche

Limits gibt – unabhängig davon, ob diese Verantwortung dann tatsächlich an solche Systeme delegiert wird. Auch wenn diese Möglichkeiten in entfernter Zukunft liegen, lohnen sich diesbezügliche ethische Betrachtungen.

Denkbar sind Spannungssituationen, in denen eine Seite erwägt, an der „Eskalationsschraube" zu drehen oder der anderen Seite durch militärisches Handeln zuvorzukommen. Es geht um die strategische Entscheidung über den „ersten Schuss" – mithin die Entscheidung über einen Angriff.

Man stelle sich ein maschinelles System vor, das eigenständig ohne Mitwirkung von Menschen unter Verarbeitung von allgemeinen Zielsetzungen, Umgebungsvariablen, politischem und sonstigem Kontext und rechtlichen und ethischen Regeln im konkreten Fall eine Entscheidung trifft über das Ob einer letalen Gewaltanwendung und sodann über Was und Wie (Wahl von Zeitpunkt, Mittel und Vorgehen). Also ein System, das autonom im Sinne der obigen Definition (siehe Kapitel 1.1.2. und 1.1.5.) handeln kann. Die grundsätzliche Problematik, wann ein Angriff oder eine Verteidigung ethisch zu rechtfertigen sind, soll hier nicht diskutiert werden. Es geht nur um die Unterscheidung der Entscheider: Ist es vertretbar, solche Entscheidungen durch Systeme treffen zu lassen, und wäre die Entscheidung der Maschine unter ethischen Aspekten anders zu beurteilen als die Entscheidung eines Menschen?

Erstens aus Sicht des Menschen.

Wenn die Maschine entscheidet, stellt sich die Frage nach der Verantwortung des Menschen für die Schaffung und den Einsatz der Maschine und die Delegation der Entscheidungsbefugnis. Die Argumentationslinie kann man aus dem Bereich des Rechts entlehnen. Rechtliche Verantwortlichkeiten können allein an Menschen adressiert sein, nicht an Maschinen. Das bleibt selbst dann so, wenn Systeme ganz autonom arbeiten und „kreativ" Entscheidungen treffen, die nicht vorher einprogrammiert wurden. Wer ein System nutzt, dessen Arbeit im Einzelfall nicht vorhersagbar ist, haftet schadensrechtlich auch für unvorhergesehene rechtswidrige Ergebnisse, er trägt sozusagen die Betriebsgefahr. Völkerstrafrechtliche Haftung für unvorhersehbares Maschinenhandeln käme indes nur infrage bei Verletzung von Garantenpflichten, also Haftung für ein unterlassenes, aber gebotenes Tun. Denkbar wäre die Verletzung der Pflicht zur Kontrolle und zum Stoppen einer Maschine, aber man wird eine Garantenpflicht gegenüber Gegnern im Konflikt kaum begründen können. Eine solche entsteht erst durch besondere Verhältnisse, etwa durch die Verwahrungspflicht gegenüber Kriegsgefangenen. Überträgt man diese gedankliche Linie, kommt man zu dem Schluss, dass der Mensch auch beim Einsatz komplett autonomer Systeme die ethische Verantwortung trägt, da er diese einsetzt. Das gilt unzweifelhaft für automatisierte Systeme, die vorprogrammierte Absichten im Einzelfall konkret umsetzen, weil die starre Verbindung zwischen Programmierung, Einsatzbefehl und Ergebnis eine verschuldensabhängige Zurechnung möglich macht. Bei autonomen Systemen mit ergebnisoffener Programmierung ist dieser direkte Weg verschlossen, weil das Ergebnis nicht immer klar vorhersagbar ist. Dennoch muss sich der Mensch, der das autonome System verwendet, das Ergebnis von dessen Handeln im Einzelfall zurechnen lassen.

Macht es einen Unterschied, ob man als Soldat über den Beginn einer Gewaltanwendung entscheidet oder ein technisches System lediglich dabei beobachtet und eingreifen kann oder gar sich ganz heraushält aus dem Prozess? Ganz klar: ja. Es ist Kern des Soldatenberufs, genau diese schwierige Entscheidung zu treffen – oder Systeme dabei zumindest überwachen und eingreifen zu können – und sie nicht an Maschinen zu delegieren. Wenn Menschen existenzielle Entscheidungen treffen unter Einbeziehung von Ethik und Emotion schwingt immer die eigene Verwundbarkeit und Sterblichkeit mit – keine Maschine wird das je simulieren können, weil Entscheidungen von Menschen immer auch gefühlt werden und nicht nur intellektuell als abstrakter Gedankengang entstehen. Die Maschine zu beobachten, wenn man jederzeit eingreifen kann, hält diesem Anspruch stand. Die Verantwortung über letale Entscheidungen muss immer beim Menschen verbleiben, der sich seiner eigenen Verwundbarkeit und Sterblichkeit bewusst ist, gerade weil diese Entscheidung nicht nur für den Gegner existenziell ist oder zumindest sein kann.

Zweitens aus Sicht der Maschine.

Man nehme einmal an, es gelänge einer Maschine, auf die Wahrnehmung der aktuellen Situation und auf eine Vielzahl von Regeln abgestützte Entscheidungen zu treffen. Die maschinentypische Emotionslosigkeit scheint unmenschlich, aber sind Wut, Hass oder andere Emotionen ein guter Ratgeber bei Entscheidungen von Menschen? Das Argument, die Würde des Menschen würde verletzt, wenn nicht ein anderer Mensch die Entscheidung zur letalen Gewaltanwendung trifft, sondern eine Maschine, kann nicht überzeugen, weil es von einer zynischen und falschen Prämisse ausgeht. Nur zwei Beispiele: Die Schlacht bei Hastings im Jahr 1066 im Zuge der Invasion Englands durch die Normannen, evident ein Angriffskrieg, ausgefochten in direkter physischer Konfrontation der Kämpfer auf die gleiche teils barbarisch anmutende Weise wie andere mittelalterliche Kämpfe;[240] der Massenmord in Ruanda 1994, begangen von Militärs und Milizen „von Angesicht zu Angesicht", zu einem guten Teil mit Hieb- und Stichwaffen.[241] Zu behaupten, hier würde die Würde der Opfer mehr geachtet, weil Menschen ihre Gegner oder Opfer direkt vor Augen haben, romantisiert den Krieg als solchen.[242] Also zunächst ein Punkt für die Maschine. Aber es ist nicht nur Emotionslosigkeit, die die Maschine vom Menschen unterscheidet. Die Maschine ist nicht wie der Mensch geschaffen und damit der Kreation durch den Menschen entzogen. Die Maschine ist Werk des Menschen und steht unter ihm. Kurz: Tote Materie würde über Leben und Tod von Menschen entscheiden. Selbst wenn sie das „richtig" vollzöge, bliebe ein Verdacht von Willkür und Zufall. Auch aus dieser Perspektive folgt zwingend, dass jederzeit zumindest ein „Man-on-the-Loop" die Eingriffsoption haben muss.

Es geht zweitens um die **Reaktion auf einen Angriff**.

Wie ist es ethisch zu beurteilen, wenn es um **Verteidigung** geht? Also die Reaktion auf den „ersten Schuss" der Gegenseite – autonome maschinelle Entscheidung über Schutz des Staates und seiner Bürger gegen Aggression. Die Frage kann schon in einem Jahrzehnt konkret werden, weil der schnelle OODA-Loop möglicherweise die Einbindung von Soldaten als „Man in the Loop" gar nicht mehr ermöglicht – etwa bei einem Angriff mit Hyperschallwaffen. Dann bleibt aber, wie die Betrachtungen in den Kapiteln 1. und 2. gezeigt haben, immer noch der „Man on the Loop" – echte vollständige Autonomie i. S. v. von Kapitel 1.1.5. ist nicht durchgängig erforderlich, sondern nur in begrenzten Systemabläufen oder Zeiträumen, etwa nach Auslösen von Abwehrraketen während deren Schlussphase des Zielanflugs.

Aber die theoretische Frage darf gestellt werden, wäre eine **vollständig autonome Raketenabwehr ethisch vertretbar?** Ethisch lässt sich die Berechtigung zur Abwehr von Angriffen deutlich leichter begründen. Dabei kommt es nicht darauf an, ob die Bekämpfung des Angriffs auch gegnerische Soldaten und nicht nur Systeme betrifft. Eine primär defensive Ausrichtung kann dabei je nach Situation deeskalierende Wirkung haben – die erfolgreiche Verhinderung der geplanten Wirkung eines Angriffs schafft Manövrierraum für weitere Entscheidungen und erweitert den Handlungsspielraum. Die Defensive ist ethisch im Sinne des Selbstbehauptungsrechts aller Staaten klar zulässig. Beispiele für Defensive: Abschuss angreifender Flugkörper oder Flugzeuge oder Jagd auf gegnerische Nuklearwaffen tragende U-Boote und Bekämpfung von Grenzverletzungen durch gegnerische Soldaten. In diesen Situationen hat die Abwehr zunächst einmal begrenzte Folgen. Wenn Reaktionszeiten zu kurz sind für die Einbindung von Soldaten in den Entscheidungsablauf – etwa wenn der Angreifer Hyperschallwaffen einsetzt – und der „Man on the Loop" mit dem gebotenen Tempo der maschinellen Entscheidungen nicht mehr mithalten kann, ist die **vollständig autonome Raketenabwehr** grundsätzlich **ethisch vertretbar.** Denn das Ausbleiben der Abwehr ist keine Alternative, weil der angegriffene Staat so der Pflicht zum Schutz seiner Bürger nicht nachkommt. Zudem gewinnt der angegriffene Staat durch Abwehrmaßnahmen Entscheidungs- und Handlungsraum, der je nach Situation u. a. auch zur Vermeidung eines nuklearen Gegenschlags und damit deeskalierend und gegebenenfalls parallel dazu politisch genutzt werden kann. Daher ist in solchen Situationen die Verwendung autonom agierender Systeme ethisch nicht nur vertretbar, sondern geboten. In vielen denkbaren Situationen ist auch die verhältnismäßig zum Angriff angelegte Offensive zur Ausschaltung des Potenzials des Angreifers zu weiteren Angriffen ethisch gut begründbar.

Eine wichtige Differenzierung ist geboten. Eine vollständig **autonome** maschinelle **Entscheidung über den nuklearen Gegenschlag** wäre als überaus **problematisch** anzusehen. Man erinnere sich an die Entscheidung von Oberstleutnant Stanislaw Petrow am 26. September 1983.[243] In den frühen Morgenstunden hatte das sowjetische Frühwarnsystem auf seinen Bildschirmen zunächst einen und dann zwei ballistische Flugkörper angezeigt, die aus den USA kommend Richtung Sowjetunion flogen. Die Computer folgerten einen nuklearen Erstschlag und lösten Alarm aus. Die Betrachtung der politischen Gesamtsituation und die Überlegung, dass der Gegner einen Erstschlag kaum mit nur zwei ballistischen Flugkörpern ausführen würde, ließ Petrow in der sehr kurzen zur Verfügung stehenden Zeit entscheiden, den Alarm als falsch einzustufen und die weitere Entwicklung abzuwarten. Hätte er die Meldung „Erstschlag detektiert" in der Hierarchie nach oben abgegeben, wäre es möglicherweise versehentlich zu einem sowjetischen Erstschlag gekommen. In der Situation war das Judiz des geschulten Soldaten in besonderer und unersetzlicher

Weise gefordert. Man sieht daran, dass es je nach Dimension der möglichen Folgen einer solchen Abwehrentscheidung um Eskalationen mit tödlichen Folgen für eine unabsehbare Zahl von Menschen gehen kann. Der „Man in the Loop" ist in solchen Zusammenhängen ethisch geboten und unverzichtbar, um dem ethischen Anspruch auf Stabilisierung und Vermeidung eines bewaffneten Konflikts auch in Spannungssituationen zu genügen.

Der Staat, der sich die Optionen des „Man in the Loop" oder des „Man on the Loop" vorbehalten will, muss seine Systeme auf dem bestmöglichen technologischen Stand haben – das ist zwingende Voraussetzung, um die Zeit für die Entscheidung des Menschen zu gewährleisten. Flugkörperabwehrsysteme sind zwingende Voraussetzung für solchen Zeitgewinn. Das gilt verstärkt, wenn in Zukunft Hyperschallwaffen nuklear bestückt werden.

4.4. Soldat und Ethik: Eigene und gegnerische unbemannte Systeme

Mit zunehmendem Automatisierungsgrad von Systemen haben es Soldaten schon seit Langem zu tun. Absehbar werden Reichweite, Aktionstempo und Handlungsoptionen von Waffensystemen weiter gesteigert. Wo früher Artilleriegranaten oder Bomben in Massen eingesetzt wurden, ist es heute der Flugkörper, der sein Ziel präzise anvisiert. Flugkörperabwehrsysteme wie Patriot oder ein Aegis Combat System haben das Potenzial, den Soldaten zunehmend zum Beobachter und Kontrolleur zu machen, der allein bei Abweichungen vom Plan oder von der Norm aktiv wird. Präzision ermöglicht völkerrechtlich korrektes und ethisch vertretbares Verfolgen militärischer Ziele, wie etwa Harpy demonstriert – früher wäre es bei Bombardements von Radarstellungen zu erheblichen Zerstörungen in einem kilometergroßen Umkreis gekommen.

Unter Beschuss durch automatisierte oder autonome gegnerische Systeme entsteht beim Soldaten zwangsläufig eine neue Wahrnehmung. Wenn in der angreifenden gegnerischen Maschine kein Soldat mehr kämpft und klar wird, dass man selbst Leib und Leben riskiert und auf der Gegenseite nur Sachbeschädigung bewirken kann, wird dies nicht ohne Auswirkung auf die ethische und mentale Haltung bleiben können. Einerseits entfällt die Tötungshemmung, und auch über ethische Fragen des Mitteleinsatzes muss sich der Soldat grundsätzlich nicht mehr sorgen. Auch über das HVR braucht man sich beim Kampf gegen unbemannte Systeme keine Gedanken zu machen. Andererseits lähmt mental möglicherweise die Erkenntnis, dass man dem Gegner nur mehr oder weniger leicht ersetzbares technisches Gerät zerstört und sowohl Härte als auch Wagemut und Opferbereitschaft keinen Vorteil mehr bieten. Angesichts der Schwächen der Maschinen beim Erkennen von Situationen und vor allem Intentionen von Menschen bekommt das Thema Tarnen, Tricksen und Täuschen möglicherweise eine noch größere Bedeutung als früher. Zudem wird man darüber nachdenken dürfen, welche Kriegslisten – die gegenüber gegnerischen Soldaten völkerrechtlich zu den nicht zulässigen gehören – gegenüber Maschinen akzeptabel werden könnten. Allerdings könnte das völkerrechtliche Kollateralschäden nach sich ziehen, die man sorgsam in Betracht ziehen muss.

Macht es ethisch einen Unterschied, wenn man als Soldat von einem unbemannten System mit letalen Waffen beschossen wird? Es bedeutet keinen Unterschied im Hinblick auf die nicht vorhersehbaren Zufälle im Kampf. Es macht Verletzungen, Leiden oder Tod aus Sicht des Soldaten weder besser noch schlechter. Letzteres gilt gleichermaßen für Zivilisten. Der Anspruch muss jedoch stets lauten, dass es immer Menschen geben muss, die die ethische Verantwortung tragen für jede Form von Gewalt, auch die Gewalt durch automatisierte oder autonome Systeme.

Beim Drohneneinsatz ergeben sich weitere Besonderheiten, die oben in den Überlegungen zum Humanitären Völkerrecht schon angedeutet wurden. Beim Einsatz von Flugdrohnen, die ferngesteuert oder laufend überwacht werden, ergibt sich ein regelrechtes Distanzparadoxon: Aus Sicht des Drohnenpiloten zählt die physische Entfernung nicht mehr, das Kamerabild vermittelt ihm eine Nähe zu den beschossenen Personen, die eher der Wahrnehmung eines Scharfschützen ähnelt. Die mittels der Ausstattung von Drohnen mit Kameras als gering wahrgenommene Distanz und gefühlte Nähe zum Gegner bleibt nicht ohne psychologische Folgen.[244] Die Folge ist erhöhte Empathie und erhöhte psychische Belastung bis hin zu den bekannten posttraumatischen Belastungsstörungen (PTBS). Für PTBS zeigte eine Gruppe von befragten Drohnenpiloten der US-Streitkräfte mit 3,5 bis 5,0 % eine leicht erhöhte allgemeine Prävalenz gegenüber der Durchschnittsbevölkerung, wobei nicht alle Befragten tödliche Einsätze durchgeführt hatten, sodass die Frage offenbleibt, wie hoch die Prävalenz in dieser Untergruppe zeitnah zu deren tödlichen Einsätzen ist (Punktprävalenz).[245] Im Vergleich dazu ergaben Untersuchungen bei Veteranen der Irakkriege eine Punktprävalenz von 4,0 bis 17,0 %.[246] Zu den Besonderheiten der Arbeit von Drohnenpiloten gehört es, nach Ende einer Schicht bzw. eines Einsatzes mit tödlicher Gewaltausübung in die eigene Privatsphäre bzw. zur Familie heimzukehren.[247] Ethisch und psychologisch ist dieser drastische Unterschied der innerhalb kurzer Zeit erlebten Situation eher schwerer zu bewältigen als für einen Soldaten, der nach Gewaltanwendung mit seiner Einheit weiterhin im Einsatzgebiet verbleibt – und damit die Chance erhält, das Erlebte gemeinsam mit den anderen an den Kampfhandlungen beteiligten Soldaten zu verarbeiten. Die Situation eines Drohnenpiloten ähnelt in dieser Hinsicht der eines Polizeibeamten. Welche Auswirkungen die spezielle Konstellation der Tätigkeit eines Drohnenpiloten auf seine Wahrnehmung der ethischen Problematik hat, ist noch nicht untersucht worden. Es darf aber angenommen werden, dass Drohnenpiloten auch aufgrund der Personalauswahlprozesse[248] keine „Ego-Shooter" oder Rambo-Charaktere sind.

4.5. Cyber-Operationen und Ethik

Entstehen durch Verwendung virtueller Systeme im Cyberraum in Krisen und bewaffneten Konflikten neue Situationen, die eine besondere ethische Behandlung im Vergleich zu kinetischen Wirkmitteln erfordern? Oder sind gar die Grundlagen von Ethik überhaupt infrage gestellt? Komplexität, Tempo und Ungewissheit von Wirkungen erschweren jedenfalls ethische Positionierungen. Letztlich kann man nur danach trachten, angesichts des ständigen unterschwelligen Konflikts den „Cyber-Naturzustand" einzuhegen, weil Abrüstung mangels Verifizierbarkeit und Unumkehrbarkeit schon strukturell nicht denkbar ist.[249] Der Prozess des normativen Einhegens hat schon begonnen (vgl. Kapitel 3.3.).

Zur Kenntnis zu nehmen ist jedenfalls der Umstand, dass Konflikte im Cyberraum zwar wegen der Unterschwelligkeit eher gewagt werden können als reale bewaffnete Konflikte, dass sie aber gerade deshalb als Ventil wirken und möglicherweise „echte" Kriege verhindern helfen. Daraus folgt aber nicht eine Einladung zum „Laisser-faire". Der Schutz der eigenen staatlichen Integrität und von Rechtsgütern der Bevölkerung ist eine staatliche Pflicht, die sowohl aus Rechtsnormen als auch ethischen Überlegungen folgt. Glaubwürdige Abschreckung ist als Sicherheitsvorsorge geboten. Es braucht für den Cyberkonflikt die Bestimmung einer „roten Linie des nicht mehr Hinnehmbaren", deren Überschreitung robuste Gegenmaßnahmen auslöst, damit auf den Aggressor ein wirksamer Druck auf Einhaltung rechtlicher Grenzen ausgeübt werden kann.[250] Die Duldung deutscher Aufrüstung, der Militarisierung des Rheinlandes und das Einknicken der westeuropäischen Großmächte auf der Münchner Konferenz 1938 sind das historische Beispiel, wie man durch fortgesetztes Verschieben der „roten Linie" dem Aggressor den Eindruck vermittelt, er könne ungebremst weitermachen. Da alle digitale Technologie ganz besonders der Proliferation unterliegt und eine Kontrolle des Besitzes in keiner Weise möglich ist, kommt man nicht umhin, über die Technologie selbst zu verfügen. Oder anders gewendet: „Wir brauchen die Technologie, um uns gegen einen bestimmten Gebrauch dieser Technologie wehren zu können. Wir verwenden dabei weitgehend dieselben Mittel mit anderen Zielen. Diese Ziele müssen ebenso wie die Art des Einsatzes der Mittel ethisch legitimierbar sein."[251]

Zwei Arten der Reaktion auf Cyberattacken sind möglich.

Abwehr und Vereitelung von gegnerischen Angriffen sind als defensive Maßnahmen zweifelsfrei ethisch zulässig.

„Hackbacks", also Angriffe auf gegnerische Cyberstrukturen oder auf Ziele in der realen Welt unter Nutzung gegnerischer Cyberstrukturen, sind es ebenfalls, wenn die Verhältnismäßigkeit der Vergeltung beachtet wird – überschießende Reaktionen werden regelmäßig ethisch nicht zu vertreten sein. Hackbacks können ein Beitrag sein zur Abschreckung potenzieller Angreifer – und damit ein Beitrag zur Verhinderung von Konflikten bzw. zur schnellen Beendigung. Denn sie befähigen jeden angegriffenen Staat dazu, die kritischen Infrastrukturen des Angreifers mit nicht kinetischen Mitteln so zu bekämpfen, dass dessen Handlungsfähigkeit im Cyberraum und in der realen Welt einschneidend beeinträchtigt werden kann.[252] Damit können eventuell andere stärker eskalierende Optionen auf der Zeitschiene geschoben werden – so werden Entscheidungs- und Handlungsspielräume gewonnen. Wer also im Cyberraum nicht offensiv sein kann oder darf, hat möglicherweise nur noch die Alternative des kinetischen Gegenschlags oder der Aufgabe. Sich in solch eine Zwangslage zu bringen ist ethisch nicht vertretbar.

Wenn ein Staat die Schwelle für den Hackback zu hoch ansetzt oder diesen ausschließt und daher handfeste Reaktionen ausbleiben, werden Cyberangriffe zu billigen Attacken ohne jedes Risiko für den Angreifer. Das öffnet ständigem Attackieren Tür und Tor, man liefert sich so schutzlos dem Erpressungspotenzial fremder Staaten oder nichtstaatlicher Gruppen aus. Mit der Nichtreaktion auf Angriffe aus dem Cyberraum kalkuliert man letztlich von vornherein Schädigungen durch fremde Staaten ein und nimmt diese von vorherein hin. Konfliktverhinderung wird dadurch gerade nicht bewirkt. Solch eine Selbstbeschränkung wäre ethisch auch deshalb nicht vertretbar, weil sich der angegriffene Staat damit quasi selbst zur Disposition stellt und sich auch fragen lassen muss, ob er alles Gebotene für den Schutz der ihm anvertrauten Rechtssubjekte tut. „Gegen offensiv aufgestellte, technisch gut gerüstete und (in ethischer Perspektive) bedenkenlose Gegner wird das gesamte Instrumentarium defensiven Schutzes im Ernstfall nicht helfen, denn umfassende Sicherheit ist im Cyberraum nicht zu gewährleisten."[253] Die ständig aktualisierte Fähigkeit zum Hackback ist also wie die Unterhaltung einer militärischen Streitmacht praktizierte Abschreckung und sichert damit den Frieden.

Die **Vorbereitung auf** die Abwehr von Cyberattacken und den digitalen Gegenschlag (Hackback) sowie deren Durchführung ist daher ethisch nicht nur zulässig, sondern abhängig von der Situation **geboten.**

Für die Nutzung der schier unbegrenzten Möglichkeiten der digitalen Technologie braucht es ethische Leitplanken, die dazu beitragen, dass diese Gegenangriffe geeignet sind, eine Beendigung des Schlagabtauschs zu fördern oder zumindest dafür sorgen, dass die Schwelle zum analogen Krieg mit kinetischen Wirkmitteln nicht überschritten wird oder werden muss.[254] Es geht um Verhaltenserwartungen, die noch formuliert werden müssen. Ein initialer Cyberangriff – vulgo: „erster Schuss" –, der in der realen Welt einen Schaden bewirkt, der der Wirkung eines militärischen Angriffs vergleichbar ist, wird jedenfalls die Hemmschwelle zum ebenso wirksamen Hackback oder gar zum realen Gegenschlag eher senken und ist daher aus ethischer Sicht als No-Go zu bewerten.

5. SCHLUSSFOLGERUNGEN UND AUSBLICK

5.1. Zu Kapitel 1: Technologie und Mensch – „autonome Killerdrohnen" existieren nicht

Die Diskussion von Definitionen und aktuellen Technologien hat deutlich demonstriert, dass unbemannte Systeme in militärischen Anwendungen entweder ferngesteuert oder automatisiert im Sinne des Vollzugs vorprogrammierter Absichten funktionieren. Aktuell werden weltweit keine autonomen Systeme verwendet. „Autonome Killerdrohnen" existieren nur als Kampfbegriff von Politaktivisten – der Kampfbegriff taugt nicht zur zutreffenden Beschreibung existierender und künftig denkbarer Systeme, taugt nicht als Basis für rechtliche und ethische Schlussfolgerungen und taugt erst recht nicht für die Forderung nach Verboten von Entwicklung, Produktion und Einsatz unbemannter Systeme. Zwingend geboten ist dagegen die trennscharfe Abgrenzung der Funktionsmodi „automatisiert" und „autonom", insbesondere im Hinblick auf die künftig mögliche Schaffung tatsächlich „autonomer" Systeme. Zudem wird die Abgrenzung gebraucht zur treffenden Beschreibung der Möglichkeiten und Folgen des Gebrauchs der Systeme in Konflikt und Spannungssituation und für die Beurteilung rechtlicher und ethischer Fragen.

Existierende und für die nächsten Jahre in der Entwicklung befindliche automatisierte Systeme sind weit davon entfernt, der Kontrolle durch den Menschen zu entweichen wie ein Terminator oder gar ein Skynet. Es existiert derzeit kein System, das autonom über den Beginn von Kampfhandlungen – etwa in einer Krisensituation – entscheiden könnte. Es ist offen, ob technologische Systeme die Befähigung zu autonomem Handeln ohne Mitwirkung des Menschen, also zur grundlegenden Entscheidung über das Ob einer Anwendung von Waffengewalt, überhaupt je erlangen können. Die Ansprüche sind im Hinblick auf Komplexität und Zuverlässigkeit hochgesteckt. Auf absehbare Zeit steht jedoch kein derartiges System in Aussicht, weil generell ein Interesse an einem umfassenden Lagebild und an Steuerungsfähigkeit besteht und das Freistellen eines Systems von der Steuerung oder Beobachtung durch den Menschen dem aus militärischer Sicht unverzichtbaren Informationsgewinn entgegensteht.

Die Vielfalt der verfügbaren wie auch der in Entwicklung befindlichen Technologien wird zu einer kaum abschätzbaren Lawine von neuen Anwendungen führen. Entscheidend für die Wirkung von Technologie ist aber nach wie vor der Mensch, der „seine" Maschinen gestaltet und programmiert – das gilt schon bei algorithmisch programmierten Maschinen und ist noch essenzieller bei der Ausgestaltung der Grundlagen selbstlernender Systeme. Dem Verständnis des Menschen von sich und seiner Haltung zu seinen Maschinen kommt eine nachhaltig wirksame entscheidende Funktion zu. Das Man-Machine-Interface ist ausschlaggebend für den praktischen Vollzug der Nutzung jeder Art von technologischem System – seine Gestaltung ist entscheidend für die Erhaltung der Überlegenheit des Menschen gegenüber „seinen" Maschinen.

5.2. Zu Kapitel 2: Einsatz unbemannter Systeme in Konflikt und Krise – „autonome Killerdrohnen" werden nie existieren

Sicher ist, dass Technologie den Wettbewerb zwischen Gesellschaftsmodellen und Volkswirtschaften und die Konflikte zwischen Staaten im 21. Jahrhundert revolutionär beschleunigen und umwälzen wird. Technologie wird die militärischen Kampfplätze der Zukunft in einer nie dagewesenen Weise prägen. Technologische Ausstattung von Streitkräften, Ausbildung von Soldaten, Entwicklung von Taktiken und Strategien für bewaffnete Konflikte und schließlich eine strategisch fundierte Außen- und Sicherheitspolitik sind Vorbedingung für das Bestehen von Staaten in Wettbewerb und Konflikt.

Der Gebrauch unbemannter Systeme wird künftig nicht beschränkt sein auf die wenigen bisher praktisch erprobten Einsatzszenarien – sie werden sich zunehmend in der ganzen Bandbreite bewaffneter Konflikte wiederfinden. Unbemannte Systeme werden auch künftig teilweise ferngesteuert oder zumindest ständig überwacht sein, unüberwachte Tätigkeiten werden sich auf begrenzte Phasen des Einsatzes und Zeiträume beschränken. Die „autonome Killerdrohne", die ohne menschliches Zutun letale Gewalt ausübt, wird es aber nie geben. Selbst wenn das einmal technologisch realisierbar würde, folgt dies schon aus dem Bedarf jeder militärischen Führungsstruktur nach ständig aktuellem Überblick über das Kampfgeschehen und effektive Kontrolle aller eigenen Aktionen, um optimale Wirkung zu erzielen.

Wer die Angriffe unbemannter Systeme – egal ob diese ferngesteuert, automatisiert oder autonom agieren – erfolgreich abwehren will, muss die Technologie selbst beherrschen. Die größere Ausdauer und der schnellere OODA-Loop unbemannter Systeme sind dabei noch nicht einmal die größte Herausforderung. Angesichts der praktisch unbegrenzten und raschen Reproduzierbarkeit unbemannter Systeme ist ihre Nutzung künftig Voraussetzung für die Verteidigungsfähigkeit als solche. Aufwuchs und Regeneration von Kampfeinheiten sind mit unbemannten Systemen in einem nie dagewesenen Tempo realisierbar. Ein programmiertes unbemanntes System ist sofort einsatzfähig. Für ein ebenso rasch produziertes bemanntes System braucht es aber die Soldaten, die für die Bedienung eigens ausgebildet werden müssen. Ausbildung dauert – und das Potenzial für die Rekrutierung von

Soldaten ist auch unter den Kautelen der Wehrpflicht und der Einberufung im Konflikt begrenzt. Diese Überlegung ist ein weiterer Treiber für die Entwicklung von automatisierten und autonomen Systemen. Gegen unbemannte Systeme, die in Massen eingesetzt werden, können Staaten und Gesellschaften, in denen der Mensch als solcher den höchsten Stellenwert hat, keine Streitkräfte ohne solche Ausrüstung einsetzen. Der Staat, der bewusst darauf verzichtet, seine Soldaten optimal auch mit automatisierten und autonomen Systemen auf der ganzen Bandbreite von einzelnen unbemannten Einheiten bis zu Führungssystemen auszurüsten, verletzt seine ethischen Verpflichtungen gegenüber den eigenen Soldaten und gegenüber seiner eigenen Bevölkerung.

Fehlleistungen unbemannter Systeme sind nicht auszuschließen. Sie werden aber die Dimensionen möglicher Fehlleistungen von Soldaten nach menschlichem Ermessen nicht übertreffen, weil die Auswirkungen von Fehlern nicht vom Automatisierungsgrad abhängen, sondern von der Kampfkraft des jeweiligen Systems. Das gilt jedenfalls dann, wenn die entsprechenden Vorkehrungen zur Steuerung und Kontrolle durch qualifizierte Soldaten getroffen werden.

Die Mittel des Cyberraums haben das Potenzial zu disruptiver Wirkung auf Streitkräfte und Staaten. Angriffe aus dem Cyberraum können ein Wirkungspotenzial enthalten, das groß angelegten kinetischen Angriffen auf gegnerische Streitkräfte entspricht. Cyberattacken können kinetische Angriffe flankieren und möglicherweise temporär ersetzen. Angriffe aus dem Cyberaum können ohne Waffengebrauch tiefgreifende Wirkungen auf Funktion, Kohäsion und Durchhaltewillen gegnerischer Streitkräfte und ganzer Staaten entfalten.

Hochleistungsfähige Führungsunterstützungssysteme werden die Stabsarbeit verändern und Entscheidungsprozesse beschleunigen – militärisch Verantwortliche müssen mit dem wachsenden Tempo des Kampfgeschehens mithalten können.

Es geht nicht allein um Entwicklung und Verwendung unbemannter Systeme, von Führungsunterstützungssystemen und der Mittel des Cyberraums, um Sicherheit und Verteidigungsfähigkeit gewährleisten zu können.

Es geht um die Beziehung zwischen Technologie und Streitkräften. Es geht um das komplexe Zusammenwirken von Sicherheitspolitik, Wirtschaft und Innovationsfähigkeit, um in der dynamischen technologischen Konkurrenz bestehen zu können. Militärisch relevante Innovation kommt im 21. Jahrhundert mehr als je zuvor aus dem zivilen Sektor. Die Stärke der Industrienationen liegt in Innovationsfähigkeit und Massenproduktion – gerade die Industrienationen müssen auf unbemannte Systeme setzen, wenn sie nicht eines Tages erpressbar sein oder/und überrannt werden wollen. China, Russland, USA und andere Staaten haben diesen Zusammenhang zwischen Technologiebeherrschung und Überlebensfähigkeit bzw. Macht und Einfluss einer Nation längst erkannt. Die westlich ausgerichteten Demokratien müssen sich der Herausforderung der Neugestaltung der Beziehungen und der Zusammenarbeit zwischen ziviler Wirtschaft und militärischer Struktur stellen, wenn sie in Wettbewerb und Konflikt gegenüber anderen Staats-, Gesellschafts- und Wirtschaftsmodellen bestehen wollen.

5.3. Zu Kapitel 3: Recht – Einsatz unbemannter Systeme und offensive Cyber-Operationen völkerrechtskonform zur Selbstverteidigung

Den rechtlichen Problemstellungen durch den Einsatz von unbemannten automatisierten und künftig gegebenenfalls auch autonomen Systeme müssen sich alle Staaten stellen. An der United Nations Convention on the Law of the Sea (UNCLOS III) wird deutlich, dass der Einsatz unbemannter Seefahrzeuge eine Reihe von praxisrelevanten und konfliktträchtigen Fragen aufwirft.

Es geht in jedem Konflikt unabhängig von Qualität und Quantität eingesetzter technischer Systeme um die Einhaltung des Humanitären Völkerrechts als Instrument zur Zivilisierung des Kampfes. Und es geht im 21. Jahrhundert erstmalig in der Geschichte um die Sicherstellung der letzten Entscheidung oder zumindest einer Eingriffsmöglichkeit in die Entscheidung über das Überschreiten der Schwelle zur letalen Gewaltanwendung durch dazu befähigte und befugte Menschen, die gegebenenfalls für Regelübertretungen zur Rechenschaft gezogen werden können. Diese äußerste Grenze muss für jede denkbare Situation primär in Spannungen und Krisen eingehalten werden.

Deutlich komplexer sind die rechtlichen Herausforderungen durch neue Formen hybrider Kriegführung im Cyberraum. Die vernetzte Welt bietet Angreifern nahezu unendlich vielseitige Optionen zur Erzeugung von Schäden in der realen analogen Welt. Rechtliche Leitplanken und Grenzlinien können unter Interpretation des hergebrachten Völkervertrags- und Völkergewohnheitsrechts zur Beantwortung einiger Fragen eingezogen werden. Es braucht eine klar definierte Grenze zum nicht mehr Hinnehmbaren. Es bleiben offene Gleichungen übrig, deren Lösung wie stets im Völkerrecht eine Frage der Bereitschaft zum Konsens und schließlich der Bereitschaft zur Einhaltung und der Macht zur Durchsetzung neu gefundener Regeln ist.

Angesichts der zunehmenden Nutzung von ziviler Technologie im militärischen Bereich und zunehmender Miniaturisierung und weltweiter Verbreitung der Fertigkeiten zur Herstellung von unbemannten Waffensystemen sind Verbote von deren Entwicklung, Herstellung und Einsatz keine kontrollierbare und durchsetzbare Option. Jeder Versuch, solche Verbote zu implementieren, würde gerade für die Staaten, die sich nicht an solche Verbote halten, die Option überraschenden Einsatzes solcher Systeme offerieren. Für die im Cyberraum nutzbaren Mittel gilt das gleichermaßen.

5.4. Zu Kapitel 4: Ethik – Einsatz unbemannter Systeme und offensive Cyber-Operationen ethisch begründbar

Nach dem Völkerrecht liefert die Ethik den unverzichtbaren Leitfaden zur Zivilisierung von Konflikten. Die Diskussion ethischer Aspekte befasst sich berechtigterweise mit den völkerrechtlichen und ethischen Verpflichtungen gegenüber gegnerischen Kombattanten und der Bevölkerung gegnerischer Staaten im Rahmen bewaffneter – und neuerdings auch mit virtuellen Mitteln ausgetragener – Konflikte.

Die ethische Pflicht zur Fürsorge gegenüber den eigenen Streitkräften und Soldaten sowie zur eigenen Bevölkerung darf jedoch niemals vernachlässigt werden. Die Regierungen aller Staaten sind zuerst einmal der eigenen Bevölkerung und den eigenen Soldaten verpflichtet. Unbemannte Systeme werden ethisch dann überaus problematisch, wenn der Mensch den Systemen Autonomie ohne Eingriffsmöglichkeit gestattet hinsichtlich der Entscheidung über das Ob einer Anwendung von Gewalt in Spannungs- und Krisensituationen. Noch existieren keine Systeme mit diesem Grad von Autonomie. Für die Zukunft muss im Hinblick auf denkbare technologische Entwicklungen eine rote Linie gezogen werden: Die Aufgabe von Kontrolle über verwendete Systeme ist nicht vertretbar.

Der Verzicht auf den Einsatz von unbemannten bzw. virtuellen Kampfsystemen und Führungsunterstützungssystemen ist allerdings auch keine ethisch vertretbare Option. Ein Staat der bewusst zusieht, wie ein potenzieller Gegner eine Maschinenstreitmacht aufbaut bzw. seine Fähigkeiten zu Cyber-Operationen weiter entwickelt und es selbst nicht tut, hat vielleicht irgendwann nur noch die Wahl zwischen Aufgabe und nuklearer Option – ist das völkerrechtlich und ethisch besser vertretbar als die Ausrüstung der eigenen Streitkräfte mit automatisierten und autonomen Systemen und Handlungsoptionen im Cyberraum?

5.5. Ausblick: Technologie beherrschen, Primat des Menschen und Verteidigungsfähigkeit sichern

Demokratische Staaten müssen die eigene Verteidigungsfähigkeit und dazu insbesondere die Vielfalt der Handlungsoptionen zur Verteidigung aufrechterhalten, wenn sie ihre eigene Existenz sichern und ihren Bürgern eine Aussicht auf Erhalt von Freiheit und Wohlstand geben wollen. Verteidigungsfähigkeit ist erst recht unverzichtbare Voraussetzung, wenn die Durchsetzung völkerrechtlicher Regeln und ethischer Maßstäbe zur Zivilisierung von Konflikten zum Ziel erklärt wird. Recht ist kein Recht ohne Legitimität und Berücksichtigung ethischer Werte – aber ohne Macht und Wille zur Durchsetzung bleibt es reine Theorie.

Effektive Außen-, Sicherheits- und Verteidigungspolitik war noch nie möglich ohne Beherrschung und Gebrauch von Technologien, die auf der Höhe der Zeit sind. Das gilt unverändert auch im 21. Jahrhundert. Die Herausforderung der nächsten Jahrzehnte besteht für die europäischen Staaten darin, in der absehbar rasanten technologiegetriebenen Entwicklung mit allen Konkurrenten und Herausforderern mitzuhalten und für die Außen-, Sicherheits- und Verteidigungspolitik Handlungsoptionen zu sichern. Hierzu müssen sich Staat, Wirtschaft, Wissenschaft und Gesellschaft zu einem neuen Konsens über die Voraussetzungen für die Gewährleistung von Sicherheit und Verteidigungsfähigkeit zusammenfinden.

Den Herausforderungen durch die transformativen Wirkungen neuer Technologien und den wachsenden Ansprüchen an deren Beherrschung kann sich kein Staat, keine Gesellschaft und keine Ökonomie entziehen. Nur diejenigen, die Schritt halten und Entwicklungen selbst aktiv gestalten, haben die Chance, dem Menschen die Position als Herrscher über seine Technologien zu sichern.

Anmerkungen

1   https://de.wikipedia.org/wiki/Terminator_(Film).

2   https://de.wikipedia.org/wiki/Terminator:_Dark_Fate.

3   https://www.killer-roboter-stoppen.de/hintergrund/, https://www.trendsderzukunft.de/autonome-killerdrohnen-dieser-kurzfilm-zeigt-eine-dunkle-zukunftsvision/.

4   https://www.killer-roboter-stoppen.de/hintergrund/.

5   https://www.br.de/nachrichten/kultur/autonome-waffen-kuenstliche-intelligenz-ethik-roboter-krieg,RVd5rRu.

6   Zum Beispiel: https://www.welt.de/wirtschaft/article204744082/Iran-Konflikt-Koenigin-der-Killerdrohnen-toetete-General-Soleimani.html.

7   Zum Beispiel: Peter Becker, Bewaffnete Drohnen – politische, ethische und rechtliche Aspekte, https://www.bmvg.de/resource/blob/256260/1ba3548af0a6ab1c30acc865258a4283/dl-dr-peter-becker-debatte-bewaffnete-drohnen-data.pdf.

8   https://autonomousweapons.org/.

9   https://www.youtube.com/watch?v=9CO6M2HsoIA.

10   Dr. Michael Stehr hat im Staatsorganisationsrecht promoviert und ist seit 2000 tätig für die Redaktion der Fachzeitschrift „MarineForum" am Deutschen Maritimen Institut (https://deutsches-maritimes-institut.de/marineforum/). Er publiziert seit 1992 zu politischen, rechtlichen, militärischen und technischen Aspekten der maritimen Sicherheit.

11   DIN V 19233: Leittechnik – Prozessautomatisierung – Automatisierung mit Prozessrechensystemen, Begriffe. Deutsches Institut für Normung e.V., das Dokument ist käuflich erwerbbar, es existieren frei zugängliche erläuternde Links mit den für das grundsätzliche Verständnis notwendigen wesentlichen Definitionen u. a. https://tu-freiberg.de/sites/default/files/media/institut-fuer-automatisierungstechnik-6735/download/as_1.pdf.

12   UK Government, Joint Doctrine Publication 0-30.2 Unmanned Aircraft Systems, S. 9–20, https://assets.publishing.service.gov.uk/government/uploads/system/uploads/attachment_data/file/673940/doctrine_uk_uas_jdp_0_30_2.pdf.

13   Ebd., S. 13.

14   Ebd., S. 13.

15   https://de.wikipedia.org/wiki/Autonomie.

16   http://www.imo.org/en/MediaCentre/HotTopics/Pages/Autonomous-shipping.aspx.

17   Eliot, Human In-the-Loop vs. Out-of-the-Loop in AI Systems: The Case of AI Self-Driving Cars, https://www.aitrends.com/ai-insider/human-in-the-loop-vs-out-of-the-loop-in-ai-systems-the-case-of-ai-self-driving-cars/.

18   Berndt Brehmer, The Dynamic OODA Loop: Amalgamating Boyd's OODA Loop and the Cybernetic Approach to Command and Control ASSESSMENT, 2005, http://www.dodccrp.org/events/10th_ICCRTS/CD/papers/365.pdf, Taylor Pearson, OODA – How to turn Incertainty into Opportunity, https://drive.google.com/file/d/0B6xxp-44qeHQNDhPYVNXZktBcTg/view.

19   Paul Scharre, Army of None, Autonomous Weapons and the Future of War, New York 2018, S. 44–47.

20   http://www.lexikon-der-wehrmacht.de/Waffen/UTorpedos.htm, https://de.wikipedia.org/wiki/Zaunk%C3%B6nig_(Torpedo).

21   https://de.wikipedia.org/wiki/AGM-158C_LRASM , https://www.youtube.com/watch?v=h449oIjg2kY , https://news.usni.org/2019/12/19/next-generation-anti-ship-missile-achieves-operational-capability-with-super-hornets.

22   https://www.raytheon.com/capabilities/products/patriot , https://en.wikipedia.org/wiki/MIM-104_Patriot, https://www.army-technology.com/projects/patriot/.

23   https://www.iai.co.il/p/harpy.

24   Munition, die für eine gewisse Zeit über einem Areal kreuzen kann, um dort ein Ziel zu suchen und dann anzugreifen. Diese Waffensysteme kommen zunehmend in Gebrauch, eines der jüngsten Systeme ist das polnische „Warmate", https://www.uasvision.com/2018/01/05/polish-armed-forces-get-warmate-loitering-munitions/.

25   https://www.iai.co.il/p/harop.

26   https://www.iai.co.il/p/mini-harpy.

27   http://www.ga-asi.com/predator-b, https://www.af.mil/About-Us/Fact-Sheets/Display/Article/104470/mq-9-reaper/ , https://www.military.com/equipment/mq-9-reaper.

28   https://www.defensenews.com/air/2020/03/12/could-a-commercial-drone-replace-the-mq-9-reaper-the-air-force-is-considering-it/, https://www.flugrevue.de/militaer/general-atomics-mq-1-und-mq-9-kampfdrohnen-der-usaf-erreichen-vier-millionen-flugstunden/.

29   https://www.flir.de/products/black-hornet-prs/.

30   https://www.airbus.com/newsroom/press-releases/en/2018/12/Airbus-Helicopters-VSR700-demonstrator-flies-unmanned.html.

31   Vgl. Sidney Dean, Die Kräftemultiplikatoren – Unbemannte Maritime Systeme in Europa, MarineForum 4/2020, S. 32 ff.

32   https://umsskeldar.aero/our-products/rpas-systems/v-200-skeldar/.

33   https://www.bmvg.de/de/aktuelles/fcas-zukuenftiges-system-kampfflugzeuge-ngws-182108.

34   https://www.navy.mil/navydata/fact_display.asp?cid=2100&tid=200&ct=2, https://www.lockheedmartin.com/en-us/products/aegis-combat-system.html, https://en.wikipedia.org/wiki/Aegis_Combat_System#Aegis_in_other_navies, https://www.naval-technology.com/projects/aegis-ballistic-missile-defence-bmd-us/.

35 https://www.naval-technology.com/projects/protector-unmanned-surface-vehicle/, http://www.rafael.co.il/wp-content/uploads/2019/03/Protector.pdf, https://www.youtube.com/watch?v=1TlWgqhexgI.

36 https://www.naval-technology.com/projects/seagull-unmanned-surface-vessel-usv/.

37 https://www.naval-technology.com/features/sea-hunter-inside-us-navys-autonomous-submarine-tracking-vessel/ , https://www.youtube.com/watch?v=FWQf1o1SJcQ.

38 Congressional Research Service, Navy Force Structure and Shipbuilding Plans, 2020, https://fas.org/sgp/crs/weapons/RL32665.pdf.

39 https://www.kongsberg.com/maritime/support/themes/autonomous-shipping/, https://www.kongsberg.com/maritime/about-us/news-and-media/news-archive/2017/bourbon-joins-automated-ships-ltd-and-kongsberg-to-deliver-groundbreaking/, https://www.kongsberg.com/maritime/about-us/news-and-media/news-archive/2017/kongsberg-k-mate-autonomy-controller-for-new-usv-auv-platform/, https://www.golem.de/news/yara-birkeland-autonome-schiffe-sind-eine-neue-art-von-transportsystem-1809-136445.html.

40 https://newsroom.ibm.com/then-and-now.

41 https://nationalinterest.org/blog/buzz/weve-got-details-chinas-submarine-drones-94686.

42 Stephen Chen, China military develops robotic submarines to launch a new era of sea power, https://www.scmp.com/print/news/china/society/article/2156361/china-developing-un-manned-ai-submarines-launch-new-era-sea-power.

43 https://nationalinterest.org/blog/buzz/us-navy-has-orca-robot-submarines-way-could-transform-naval-warfare-89721.

44 Jill Hruby, Russia's new Nuclear Weapon Delivery Systems, S. 30 ff., https://media.nti.org/documents/NTI-Hruby_FINAL.PDF.

45 Hans Uwe Mergener, Russlands neues U-Boot mit Atomtorpedos, Europäische Sicherheit & Technik, Nr. 6/2020, S. 90 f.

46 https://www.navalnews.com/naval-news/2020/05/russian-special-submarine-khabarovsk-likely-to-be-launched-in-june/.

47 https://defence.pk/pdf/threads/russia-unmanned-ground-vehicle-platform-m-displayed-in-naval-base-security-role.351381/, https://thediplomat.com/2015/07/meet-russias-new-killer-robot/, https://www.armyrecognition.com/weapons_defence_industry_military_technology_uk/new_russian_combat_robot_platform_m_armed_with_assault_rifle_and_grenade_launchers_12407152.html, https://www.rt.com/news/311372-universal-battle-robotic-platform/.

48 https://www.armyrecognition.com/february_2016_global_defense_security_news_industry/russian_special_forces_have_received_platform-m_ugv_unmanned_ground_vehicles_tass_10102163.html.

49   Ralph Langner, Stuxnet und die Folgen, S. 7–24, https://www.langner.com/wp-content/uploads/2017/08/Stuxnet-und-die-Folgen.pdf, Kim Zetter, An unprecedented Look at Stuxnet, the World's first digital Weapon, https://www.wired.com/2014/11/countdown-to-zero-day-stuxnet/.

50   Rain Ottis, Analysis of the 2007 cyber attacks against Estonia from the Information Warfare perspective, https://ccdcoe.org/uploads/2018/10/Ottis2008_AnalysisOf2007FromTheInformationWarfarePerspective.pdf.

51   Ralph Langner, Stuxnet und die Folgen, S. 35–39, https://www.langner.com/wp-content/uploads/2017/08/Stuxnet-und-die-Folgen.pdf.

52   https://www.techspot.com/news/78494-mayhem-machine-can-automatically-detect-exploit-patch-cybersecurity.html, https://forallsecure.com/.

53   https://owasp.org/www-community/Fuzzing, https://de.wikipedia.org/wiki/Fuzzing.

54   https://www.monch.com/mpg/news/cyber/3958-baedarpa.html.

55   https://deepmind.com/alphago-china, https://www.heise.de/newsticker/meldung/Kuenstliche-Intelligenz-AlphaGo-Zero-uebertrumpft-AlphaGo-ohne-menschliches-Vorwissen-3865120.html.

56   Ausführlich: https://de.wikipedia.org/wiki/Go_(Spiel), Regeln kurz erklärt: http://www.brett-und-stein.de/download/spielanleitung.pdf.

57   UK Government, Joint Doctrine Publication 0–30.2 Unmanned Aircraft Systems, S. 17, https://assets.publishing.service.gov.uk/government/uploads/system/uploads/attachment_data/file/673940/doctrine_uk_uas_jdp_0_30_2.pdf.

58   David Talbot, Preventing Fratricide, https://www.technologyreview.com/s/404191/preventing-fratricide/, John K. Hawley, Patriot Wars – Automation and the Patriot Air and Missile Defence System, https://www.cnas.org/publications/reports/patriot-wars.

59   https://www.jag.navy.mil/library/investigations/VINCENNES%20INV.pdf, https://www.welt.de/geschichte/article178462374/Persischer-Golf-Der-toedliche-Fehler-der-USS-Vincennes-kostet-290-Leben.html, https://www.britannica.com/event/Iran-Air-flight-655, https://foreignpolicy.com/2020/01/17/accidental-shootdown-iran-united-states-ukraine/.

60   https://www.faz.net/aktuell/finanzen/spektakulaerer-flash-crash-der-mann-der-die-wall-street-in-die-knie-zwang-13559594.html, https://www.handelszeitung.ch/invest/boerse/so-funktionierte-die-masche-des-flash-crash-haendlers-772412.

61   https://seekingalpha.com/article/1686422-review-of-knightmare-on-wall-street, https://www.cnbc.com/id/48575707.

62   „Cyber-Raum" unter: https://www.bsi.bund.de/DE/Themen/Cyber-Sicherheit/Empfehlungen/cyberglossar/Functions/glossar.html?cms_lv2=9817276.

63   Überblick: Bereit für das postdigitale Zeitalter?, Accenture Technology Vision Management Summary DACH, S. 14, https://www.accenture.com/de-de/

insights/technology/technology-trends-2019; ausführlich: Ralph Thiele, Hybrid Warfare – Future & Technologies. Horizon Scan & Assessment, verlinkt unter: https://www.linkedin.com/feed/update/urn:li:activity:6656088263851335680/.

64   https://www.heise.de/newsticker/meldung/Die-Technik-hinter-5G-So-funktioniert-das-neue-Funknetz-4355865.html.

65   https://www.heise.de/download/blog/Die-Vorteile-und-Nachteile-des-Cloud-Computing-3713041.

66   https://www.heise.de/thema/Internet-der-Dinge.

67   https://blockchainwelt.de/dlt-distributed-ledger-technologie-ist-mehr-als-blockchain/.

68   https://www.hpcwire.com/off-the-wire/honewell-announces-quantum-computer-breakthrough-invests-in-cambridge-quantum-computing-and-zapata-computing/, https://www.nytimes.com/2019/10/23/technology/quantum-computing-google.html, https://www.ph.tum.de/academics/msc/qst/qst/ , https://www.forbes.com/sites/chadorzel/2015/07/08/six-things-everyone-should-know-about-quantum-physics/#4a14bf287d46, https://www.livescience.com/33816-quantum-mechanics-explanation.html, https://www.computersciencedegreehub.com/faq/what-is-quantum-science/.

69   Janosch Deeg, Neuromorphes Computing – eine reine Nervensache, Juni 2020, https://www.faz.net/aktuell/wissen/computer-mathematik/neuromorphes-computing-eine-reine-nervensache-16795906.html?printPagedArticle=true#pageIndex_2.

70   https://www.forbes.com/sites/bernardmarr/2019/08/12/what-is-extended-reality-technology-a-simple-explanation-for-anyone/#655ad6807249.

71   https://www.sciencedirect.com/topics/engineering/additive-manufacturing-technology.

72   https://www.nanowerk.com/nanotechnology/introduction/introduction_to_nanotechnology_1.php.

73   https://www.ntnu.edu/ibt/about-us/what-is-biotechnology.

74   https://missiledefenseadvocacy.org/missile-threat-and-proliferation/missile-basics/hypersonic-missiles/, https://fas.org/sgp/crs/weapons/R45811.pdf, https://www.raytheonmissilesanddefense.com/capabilities/hypersonics, https://www.iiss.org/publications/strategic-comments/2020/hypersonic-weapons-and-strategic-stability.

75   https://www.military.com/video/directed-energy-weapons, https://www.mwrf.com/technologies/systems/article/21847083/guarding-against-directedenergy-weapons.

76   Jeffrey M. Reilly, Multidomain Operations, https://apps.dtic.mil/dtic/tr/fulltext/u2/1003670.pdf.

77   https://read.oecd-ilibrary.org/science-and-technology/oecd-science-technology-and-innovation-outlook-2016_sti_in_outlook-2016-en#page81.

78 https://www.gruenderszene.de/lexikon/begriffe/disruption?interstitial.

79 Philipp von Wussow, Thesen zur Cyberethik, in: Rogg/Scheidt/v. Schubert (Hrsg.), Ethische Herausforderungen digitalen Wandels in bewaffneten Konflikten, S. 113 ff. (114), https://gids-hamburg.de/wp-content/uploads/2020/02/EBook-Ethische-Herausforderungen-digitalen-Wandels-in-bewaffneten-Konflikten.pdf .

80 Hartwig von Schubert, Ethische Herausforderungen digitalen Wandels in bewaffneten Konflikten, in: Rogg/Scheidt/v. Schubert (Hrsg.), Ethische Herausforderungen digitalen Wandels in bewaffneten Konflikten, S. 5 ff. (6), https://gids-hamburg.de/wp-content/uploads/2020/02/EBook-Ethische-Herausforderungen-digitalen-Wandels-in-bewaffneten-Konflikten.pdf.

81 Philipp von Wussow, Thesen zur Cyberethik, in: Rogg/Scheidt/v. Schubert (Hrsg.), Ethische Herausforderungen digitalen Wandels in bewaffneten Konflikten, S. 113 ff. (114), https://gids-hamburg.de/wp-content/uploads/2020/02/EBook-Ethische-Herausforderungen-digitalen-Wandels-in-bewaffneten-Konflikten.pdf.

82 Ralph Thiele, Artificial Intelligence – a key enabler of Hybrid Warfare, S. 10, www.hybridcoe.fi/wp-content/uploads/2020/03/WP-6_2020_rgb.pdf.

83 https://www.thedrive.com/the-war-zone/31248/the-first-narco-submarine-ever-seized-off-a-european-coast-is-a-monster.

84 C4ISR = command, control, communications, computers, intelligence, surveillance, and reconnaissance (Führung, Information, Kommunikation, Computersysteme, Nachrichtenwesen, Überwachung und Aufklärung).

85 https://www.nature.com/articles/nature14539.

86 Ralph Thiele, Quantum Sciences – Disruptive Innovation in Hybrid Warfare, S. 6, https://www.hybridcoe.fi/wp-content/uploads/2020/03/Working-Paper-7_2020.pdf.

87 Thiele, ebd., S. 9.

88 Thiele, ebd., S. 8.

89 https://www.bundesregierung.de/breg-de/themen/digital-made-in-de/agentur-fuer-innovation-in-der-cybersicherheit-1546892, https://www.bmvg.de/de/aktuelles/technologiesouveraenitaet-erlangen-die-neue-cyberagentur-27996, https://www.bmi.bund.de/SharedDocs/kurzmeldungen/DE/2018/08/cyberagentur.html.

90 Johann Schmid, Ralph Thiele, Hybrid Warfare – Orchestrating the technology Revolution, in: NATO AT 70: OUTLINE OF THE ALLIANCE TODAY AND TOMORROW, S. 211 ff. (S. 217–218), https://www.stratpol.sk/wp-content/uploads/2019/12/panorama_2019_ebook.pdf.

91 https://www.bbc.com/news/world-europe-24280831; mehr dazu in Kapitel 4.3.2.

92 http://www.evolvingai.org/fooling.

93 https://arxiv.org/abs/1907.11932.

94 Sebastian Viehmann, Tesla Autopilot: Debatte um Unfallstatistik, https://efahrer.
    chip.de/news/tesla-autopilot-debatte-um-unfallstatistik_10274.

95 https://www.kongsberg.com/maritime/support/themes/autonomous-shipping/,
    https://www.golem.de/news/yara-birkeland-autonome-schiffe-sind-eine-neue-art-
    von-transportsystem-1809-136445.html.

96 https://newsroom.ibm.com/then-and-now.

97 http://www.die-marine.de/daten/mj332.htm.

98 https://www.presseportal.de/pm/67428/4528768.

99 https://www.bundeswehr.de/de/organisation/marine/aktuelles/u-boot-
    kommunikation-funksendestelle-ramsloh-89966.

100 https://www.elektormagazine.de/news/unterwasser-funk-mit-winziger-
    spezial-antenne.

101 Heiko Borchert u. Christian Brandlhuber, Jump-starting Europe's work on
     military artificial intelligence, https://www.defensenews.com/opinion/2019/09/
     09/jump-starting-europes-work-on-military-artificial-intelligence/.

102 https://memory-alpha.fandom.com/wiki/Data.

103 https://mixed.de/der-turing-test-und-was-passiert-wenn-er-bestanden-ist/.

104 Wolfgang Koch, Zur Ethik der wehrtechnischen Digitalisierung, in: Rogg/
     Scheidt/v. Schubert (Hrsg.), Ethische Herausforderungen digitalen Wandels in
     bewaffneten Konflikten, S. 17 ff. (18), https://gids-hamburg.de/wp-content/
     uploads/2020/02/EBook-Ethische-Herausforderungen-digitalen-Wandels-in-
     bewaffneten-Konflikten.pdf.

105 Koch, ebd. S. 18.

106 Koch, ebd. S. 24; AWACS Airborne Warning and Control System, https://www.
     airforce-technology.com/projects/e3awacs/; zum Grundprinzip der Technologie:
     Ziwei Wang/Jimnping Sun/Quing Li/Guanhua Ding, A new Multiple Hypothesis
     Tracker Integrated with Detection Processing (insbesondere Grafiken auf S. 10
     und 12), https://www.ncbi.nlm.nih.gov/pmc/articles/PMC6928886/pdf/
     sensors-19-05278.pdf.

107 Koch, ebd. S. 19.

108 Berndt Brehmer, The Dynamic OODA Loop: Amalgamating Boyd's OODA Loop
     and the Cybernetic Approach to Command and Control ASSESSMENT, 2005,
     http://www.dodccrp.org/events/10th_ICCRTS/CD/papers/365.pdf.

109 Wolfgang Koch, Zur Ethik der wehrtechnischen Digitalisierung, in: Rogg/
     Scheidt/v. Schubert (Hrsg.), Ethische Herausforderungen digitalen Wandels in
     bewaffneten Konflikten, S. 17 ff. (29), https://gids-hamburg.de/wp-content/
     uploads/2020/02/EBook-Ethische-Herausforderungen-digitalen-Wandels-in-
     bewaffneten-Konflikten.pdf.

110 Koch, ebd. S. 22 (Text und Fn. 35).

111 Koch, ebd. S. 29.

112 Man vergleiche aus der Masse an Darlegungen hierzu beispielhaft nur: Kott et.al., War of 2050: a Battle for Information, Communications and Computer Security, https://arxiv.org/ftp/arxiv/papers/1512/1512.00360.pdf ; Perkins, Multi-Domain Battle, https://www.armyupress.army.mil/Portals/7/military-review/Archives/English/MilitaryReview_20170831_PERKINS_Multi-domain_Battle.pdf; UK, Ministry of Defence, Joint Concept Note 1/17, Future Force Concept, https://assets.publishing.service.gov.uk/government/uploads/system/uploads/attachment_data/file/643061/concepts_uk_future_force_concept_jcn_1_17.pdf.

113 https://www.naval-technology.com/features/sea-hunter-inside-us-navys-autonomous-submarine-tracking-vessel/.

114 https://www.ndr.de/nachrichten/info/sendungen/streitkraefte_und_strategien/Fregatte-125-ein-Trauerspiel,streitkraefte550.html.

115 Marcus Roth, Artificial Intelligence in the Military – an overview of capabilities, 2019, https://emerj.com/ai-sector-overviews/artificial-intelligence-in-the-military-an-overview-of-capabilities/.

116 The Future Battlefield is Digital, https://www.boozallen.com/d/insight/thought-leadership/the-future-battlefield-is-digital.html, (COTS, „Commercial-of-the-Shelf").

117 https://www.theguardian.com/world/2019/sep/14/major-saudi-arabia-oil-facilities-hit-by-drone-strikes.

118 http://cimsec.org/taking-notes-from-narcos-semisubmersible-unmanned-ships-for-great-power-competition/43532, https://www.thedrive.com/the-war-zone/31248/the-first-narco-submarine-ever-seized-off-a-european-coast-is-a-monster.

119 Perdix Swarm Demo, https://www.defensenews.com/air/2017/01/10/pentagon-launches-103-unit-drone-swarm/ und https://www.youtube.com/watch?v=fOajJMm01lw.

120 Beispielhaft nur: https://apsystems.tech/en/how-ctrlsky-works-2/?switch=1&gclid=EAIaIQobChMI9cLz4YOS6QIVEdd3Ch00JAvgEAAYASAAEgKWz_D_BwE.

121 https://www.popularmechanics.com/military/weapons/a28471436/lmadis-iranian-drone/.

122 https://www.youtube.com/watch?v=9CO6M2HsoIA.

123 Dan Conifer, Autonomous suicide drones the latest threat facing Australien Soldiers, 2019, https://www.abc.net.au/news/2019-08-27/autonomous-suicide-drones-the-latest-threat-facing-soldiers/11452040.

124 Joel Hruska, Think one military drone is bad? Drone swarms are terrifyingly difficult to stop, https://www.extremetech.com/extreme/265216-think-one-military-drone-bad-drone-swarms-terrifyingly-difficult-stop.

125 The Future Battlefield is Digital, https://www.boozallen.com/d/insight/thought-leadership/the-future-battlefield-is-digital.html, (COTS, „Commercial-of-the-Shelf").

126 Klaus Bohnenstengel, Gefahr aus der Luft – Neue Bedrohungen erfordern Anpassungen seegestützter Luftverteidigung, in: MarineForum 6/2020, S. 10 ff. (12).

127   Berndt Brehmer, The Dynamic OODA Loop: Amalgamating Boyd's OODA Loop and the Cybernetic Approach to Command and Control ASSESSMENT, 2005, http://www.dodccrp.org/events/10th_ICCRTS/CD/papers/365.pdf.

128   https://www.ds.mpg.de/131983/18.

129   https://www.rheinmetall-defence.com/de/rheinmetall_defence/systems_and_products/future_soldier_systems/index.php.

130   Kott et al., War of 2050: a Battle for Information, Communications and Computer Security, https://arxiv.org/ftp/arxiv/papers/1512/1512.00360.pdf.

131   https://www.spartanat.com/2019/10/ratnik-die-version-3-soll-ein-exoskelett-haben/.

132   Kott et. al., War of 2050: a Battle for Information, Communications and Computer Security, https://arxiv.org/ftp/arxiv/papers/1512/1512.00360.pdf.

133   Jeffrey M. Reilly, Multidomain Operations, https://apps.dtic.mil/dtic/tr/fulltext/u2/1003670.pdf; UK Development, Concepts and Doctrine Centre (DCDC), Joint Concept Note 1/17 – Future Force Concept, S. X, https://assets.publishing.service.gov.uk/government/uploads/system/uploads/attachment_data/file/643061/concepts_uk_future_force_concept_jcn_1_17.pdf.

134   https://de.wikipedia.org/wiki/Battle_Chess.

135   Klaus Bohnenstengel, Gefahr aus der Luft – Neue Bedrohungen erfordern Anpassungen seegestützter Luftverteidigung, in: MarineForum 6/2020, S. 10–13.

136   Andreas Uhl, Wirklich alles unter Kontrolle? – Das Dilemma bei Führungs- und Waffeneinsatzsystemen für Überwasserkampfschiffe, MarineForum 6/2020, S. 26–27 (26).

137   Andreas Uhl, Wirklich alles unter Kontrolle? – Das Dilemma bei Führungs- und Waffeneinsatzsystemen für Überwasserkampfschiffe, MarineForum 6/2020, S. 26–27 (26).

138   Bohnenstengel, S. 13.

139   https://de.wikipedia.org/wiki/Scrum.

140   Paul Scharre, Army of None, Autonomous Weapons and the Future of War, New York 2018.

141   https://de.wikipedia.org/wiki/Kabinettskrieg.

142   Borchert, Why unmanned Systems are the go-to Option for Gray Zone Ops in the Gulf, https://www.borchert.ch/content/en/cmsfiles/publications/1908_Borchert_UxS_Gray_Zone_1.pdf.

143   https://en.wikipedia.org/wiki/2007_Iranian_arrest_of_Royal_Navy_personnel, https://www.reuters.com/article/us-iraq-iran-britain/iran-seizes-15-british-marines-and-sailors-in-gulf-idUSCOL33182120070323.

144   https://www.bbc.com/news/world-asia-25062525.

145   https://thediplomat.com/2018/01/chinese-frigate-unidentified-submarine-enter-japan-claimed-waters-near-senkaku-islands/.

146   http://www.dodccrp.org/events/10th_ICCRTS/CD/papers/365.pdf.

147   Stefan Oeter, Plädoyer für die Normierung roter Linien des nicht mehr Hinnehmbaren, in: Rogg/Scheidt/v. Schubert (Hrsg.), Ethische Herausforderungen digitalen Wandels in bewaffneten Konflikten, S. 97 ff. (98), https://gids-hamburg. de/wp-content/uploads/2020/02/EBook-Ethische-Herausforderungen-digitalen-Wandels-in-bewaffneten-Konflikten.pdf.

148   PM des BMVg vom 15.11.2019, https://www.bmvg.de/de/aktuelles/-gemeinsame-cyberagentur-149966.

149   Ralph Thiele, Hybrid Warfare Orchestrating the Technology Revolution, S. 6; https://www.linkedin.com/feed/update/urn:li:activity:6656090331680960512/.

150   Jeffrey M. Reilly, Multidomain Operations, https://apps.dtic.mil/dtic/tr/fulltext/u2/1003670.pdf.

151   Josef Schroefl, Cyber power is changing the concept of war, S. 3, https://www.hybridcoe.fi/wp-content/uploads/2020/03/Strategic-Analysis_21_Cyber-Power.pdf.

152   Auflistung, nicht vollständig: https://cyber-peace.org/cyberpeace-cyberwar/relevante-cybervorfalle/.

153   Philipp von Wussow, Thesen zur Cyberethik, in: Rogg/Scheidt/v. Schubert (Hrsg.), Ethische Herausforderungen digitalen Wandels in bewaffneten Konflikten, S. 113 ff. (114), https://gids-hamburg.de/wp-content/uploads/2020/02/EBook-Ethische-Herausforderungen-digitalen-Wandels-in-bewaffneten-Konflikten.pdf.

154   Jukka Savolainen, Hybrid threats and vulnerabilities of modern critical infrastructures, S. 9, https://www.hybridcoe.fi/wp-content/uploads/2019/11/NEW_Working-paper_WMDivers_2019_rgb.pdf.

155   Savolainen, ebd., S. 12–17.

156   Rain Ottis, Analysis of the 2007 cyber attacks against Estonia from the Information Warfare perspective, https://ccdcoe.org/uploads/2018/10/Ottis2008_AnalysisOf2007FromTheInformationWarfarePerspective.pdf.

157   http://dipbt.bundestag.de/doc/btd/19/076/1907607.pdf, https://www.welt.de/politik/deutschland/article207950867/Merkel-Russischer-Hackerangriff-ungeheuerlicher-Vorgang.html.

158   Andy Greenberg, The untold story of NotPetya, the most devastating Cyberattack in history, 2018, https://www.wired.com/story/notpetya-cyberattack-ukraine-russia-code-crashed-the-world/.

159   Wolfgang Koch, Zur Ethik der wehrtechnischen Digitalisierung, in: Rogg/Scheidt/v. Schubert (Hrsg.), Ethische Herausforderungen digitalen Wandels in bewaffneten Konflikten, S. 17 ff. (32), https://gids-hamburg.de/wp-content/uploads/2020/02/EBook-Ethische-Herausforderungen-digitalen-Wandels-in-bewaffneten-Konflikten.pdf.

160   Ralph Thiele, Artificial Intelligence – a key enabler of Hybrid Warfare, S. 6, www.hybridcoe.fi/wp-content/uploads/2020/03/WP-6_2020_rgb.pdf.

161 Josef Schroefl, Cyber power is changing the concept of war, S. 3, https://www.hybridcoe.fi/wp-content/uploads/2020/03/Strategic-Analysis_21_Cyber-Power.pdf.

162 https://www.usni.org/magazines/proceedings/2020/april/unleash-privateers.

163 Ralph Thiele, Artificial Intelligence – a key enabler of Hybrid Warfare, S. 6, www.hybridcoe.fi/wp-content/uploads/2020/03/WP-6_2020_rgb.pdf.

164 Johann Schmid/Ralph Thiele, Hybrid Warfare – Orchestrating the technology Revolution, in: NATO AT 70. Outline of the Alliance. Today and Tomorrow, S. 211 ff. (S. 215), https://www.stratpol.sk/wp-content/uploads/2019/12/panorama_2019_ebook.pdf.

165 Schmid/Thiele, ebd., S. 214.

166 Hubert Feigl, Überlegungen zu Network Centric Warfare (NCW), in: Heiko Borchert (Hrsg.), Vernetzte Sicherheit – Leitidee der Sicherheitspolitik im 21. Jahrhundert, Hamburg 2004, S. 9 ff. (S. 19).

167 https://www.vilp.de/treaties?lid=en, https://www.vilp.de/treaty_full;jsessionid=9FD6FAEC178E59031280FE0361C2B7C3?lid=en&cid=163.

168 Natalie Klein, Maritime Autonomous Vehicles within the International Law Framework to enhance maritime Security, International Law Studies, Vol. 95, 2019, S. 244 ff., S. 252; https://digital-commons.usnwc.edu/cgi/viewcontent.cgi?article=2907&context=ils.

169 https://ihl-databases.icrc.org/ihl/INTRO/560; https://www.legal-tools.org/doc/118957/pdf/.

170 Albert Bleckmann, Analogie im Völkerrecht, Archiv des Völkerrechts, 17. Band, No. 2, 1977, S. 161–180; https://www.jstor.org/stable/40797711?read-now=1&seq=15#page_scan_tab_contents.

171 Vgl. u.a. Karl Larenz, Methodenlehre der Rechtswissenschaft, 2. Auflage, Heidelberg 1992, S. 269 ff.; oder: https://de.wikipedia.org/wiki/Analogie_(Recht).

172 HPCR Manual on International Law Applicable to Air and Missile Warfare, Bern 2009, S. iii, https://reliefweb.int/sites/reliefweb.int/files/resources/8B2E79FC145BFB3D492576E00021ED34-HPCR-may2009.pdf.

173 Ebd., S. 1 u. S. 5.

174 https://nationalinterest.org/blog/buzz/weve-got-details-chinas-submarine-drones-94686.

175 https://www.boeing.com/resources/boeingdotcom/defense/autonomous-systems/echo-voyager/echo_voyager_product_sheet.pdf.

176 https://www.elektormagazine.de/news/unterwasser-funk-mit-winziger-spezial-antenne.

177 https://www.vilp.de/treaties?lid=en, https://www.icrc.org/de/krieg-recht/die-genfer-abkommen-und-ihre-zusatzprotokolle.

178 https://www.admin.ch/opc/de/.

179 https://www.jag.navy.mil/distrib/instructions/San_Remo_Manual%5B1%5D.pdf.

180 https://bundesstiftung-friedensforschung.de/blog/faktualisierung-des-san-remo-handbuchs-zum-seekriegsrecht/.

181 https://www.auswaertiges-amt.de/de/aussenpolitik/themen/internationales-recht/humanitaeres-voelkerrecht/213012.

182 https://www.bmvg.de/de/themen/friedenssicherung/humanitaeres-voelkerrecht.

183 https://www.admin.ch/opc/de/classified-compilation/19770112/201407180000/0.518.521.pdf.

184 Laws and Customs of War on Land, IV, Convention Respecting the Laws and Customs of War on Land.

185 Markus Reisner, Rxobotic Wars, Legitimatorische Grundlagen und Grenzen des Einsatzes von Military Unmanned Systems in modernen Konfliktszenarien, Norderstedt 2018, S. 215–216.

186 Paul Scharre, Army of None, Autonomous Weapons and the Future of War, New York 2018, S. 263–266.

187 https://www.admin.ch/opc/de/classified-compilation/19770112/201407180000/0.518.521.pdf.

188 https://www.admin.ch/opc/de/classified-compilation/19770112/201407180000/0.518.521.pdf.

189 https://www.admin.ch/opc/de/classified-compilation/19770112/201407180000/0.518.521.pdf.

190 Markus Reisner, Robotic Wars, Legitimatorische Grundlagen und Grenzen des Einsatzes von Military Unmanned Systems in modernen Konfliktszenarien, Norderstedt 2018, S. 220.

191 Anders: Markus Reisner, Robotic Wars, Legitimatorische Grundlagen und Grenzen des Einsatzes von Military Unmanned Systems in modernen Konflikt-szenarien, Norderstedt 2018, S. 217–218.

192 Vgl. oben 1.4.4.; Wolfgang Koch, Zur Ethik der wehrtechnischen Digitalisierung, in: Rogg/Scheidt/v. Schubert (Hrsg.), Ethische Herausforderungen digitalen Wandels in bewaffneten Konflikten, S. 17 ff. (18), https://gids-hamburg.de/wp-content/uploads/2020/02/EBook-Ethische-Herausforderungen-digitalen-Wandels-in-bewaffneten-Konflikten.pdf.

193 https://www.bmvg.de/de/aktuelles/auftakt-drohnen-debatte-diskussion-im-bmvg-256010 (siehe unter „Das offene Cockpit").

194 https://autonomousweapons.org/.

195 https://www.youtube.com/watch?v=9CO6M2HsoIA.

196 Defending the Boundary, https://autonomousweapons.org/defending-the-boundary-constraints-and-requirements-on-the-use-of-autonomous-weapon-systems-under-international-humanitarian-and-human-rights-law/.

197 https://www.bmvg.de/de/debatte-bewaffnete-drohnen.

198 https://www.bmvg.de/de/aktuelles/auftakt-drohnen-debatte-diskussion-im-bmvg-256010 (siehe unter „Betrachtungen aus militärischer Sicht").

199 https://www.youtube.com/watch?v=9CO6M2HsoIA.

200 US general warns of out-of-control killer robots, https://edition.cnn.com/2017/07/18/politics/paul-selva-gary-peters-autonomous-weapons-killer-robots/index.html.

201 https://www.bmvg.de/de/aktuelles/auftakt-drohnen-debatte-diskussion-im-bmvg-256010 (siehe unter „Betrachtungen aus militärischer Sicht").

202 Paul Scharre, Army of None, Autonomous Weapons and the Future of War, New York 2018, S. 266–270 und S. 331–345.

203 http://dipbt.bundestag.de/doc/btd/19/076/1907607.pdf.

204 Andy Greenberg, The Untold Story of NotPetya, the Most Devastating Cyber-attack in History, 2018, https://www.wired.com/story/notpetya-cyberattack-ukraine-russia-code-crashed-the-world/.

205 Stefan Oeter, Plädoyer für die Normierung roter Linien des nicht mehr Hinnehm-baren, in: Rogg/Scheidt/v. Schubert (Hrsg.), Ethische Herausforderungen digitalen Wandels in bewaffneten Konflikten, S. 97 ff. (102), https://gids-hamburg.de/wp-content/uploads/2020/02/EBook-Ethische-Herausforderungen-digitalen-Wandels-in-bewaffneten-Konflikten.pdf.

206 Michael N. Schmitt (Hrsg.), Tallinn Manual 2.0 on the International Law applicable to Cyber Operations, 2017, https://www.cambridge.org/core/books/tallinn-manual-20-on-the-international-law-applicable-to-cyber-operations/E4FFD83EA790D7C4C3C28FC9CA2FB6C9.

207 Schmitt (Hrsg.), Tallinn Manual 2.0, 2017, S. 2.

208 Stefanie Schmahl, Computernetzwerkoperationen im Völkerrecht, in: Rogg/Scheidt/v. Schubert (Hrsg.), Ethische Herausforderungen digitalen Wandels in bewaffneten Konflikten, S. 87 ff. (89), https://gids-hamburg.de/wp-content/uploads/2020/02/EBook-Ethische-Herausforderungen-digitalen-Wandels-in-bewaffneten-Konflikten.pdf.

209 Schmitt (Hrsg.), Tallinn Manual 2.0, 2017, S. 17, Regel 4.

210 Stefanie Schmahl, Computernetzwerkoperationen im Völkerrecht, in: Rogg/Scheidt/v. Schubert (Hrsg.), Ethische Herausforderungen digitalen Wandels in bewaffneten Konflikten, S. 87 ff. (89), https://gids-hamburg.de/wp-content/uploads/2020/02/EBook-Ethische-Herausforderungen-digitalen-Wandels-in-bewaffneten-Konflikten.pdf.

211 Schmitt (Hrsg.), Tallinn Manual 2.0, 2017, Regel 66 und Erläuterung Nr. 1 zu Regel 66, S. 312.

212 Rain Ottis, Analysis of the 2007 cyber attacks against Estonia from the Information Warfare perspective, https://ccdcoe.org/uploads/2018/10/Ottis2008_AnalysisOf2007FromTheInformationWarfarePerspective.pdf.

213 Christian Pawlik, Denkanstöße zur ethischen Betrachtung von Cyber-Operationen, in: Rogg/Scheidt/v. Schubert (Hrsg.), Ethische Herausforderungen digitalen Wandels in bewaffneten Konflikten, S. 129 ff. (130), https://gids-hamburg.de/

wp-content/uploads/2020/02/EBook-Ethische-Herausforderungen-digitalen-Wandels-in-bewaffneten-Konflikten.pdf.

214 Hybrid CoE, Handbook on maritime Threats – 10 Scenarios and Legal Scans, S. 18–19, https://www.hybridcoe.fi/wp-content/uploads/2019/11/NEW_Handbook-on-maritime-threats_RGB.pdf.

215 Heiko Borchert, Maritime Security at Risk, Luzern 2014, https://www.borchert.ch/content/ger/cmsfiles/publications/1407_Borchert_Maritime_Security_at_Risk.pdf.

216 https://www.vilp.de/treaty_full;jsessionid=9FD6FAEC178E59031280FE0361C2B7C3?lid=en&cid=163.

217 Schmitt (Hrsg.), Tallinn Manual 2.0, 2017, S. 17, dort Regel 4 und Erläuterung Nr. 1 zu Regel 4.

218 Schmitt (Hrsg.), Tallinn Manual 2.0, 2017, S. 20, Erläuterung Nr. 11 zu Regel 4.

219 Island of Palmas Case, Schiedsgerichtsspruch vom April 1928, Reports of International Arbitral Awards, Volume II, S. 829–871 (insbesondere S. 838), https://legal.un.org/riaa/cases/vol_II/829-871.pdf.

220 Eric Talbot Jensen, The Tallinn Manual 2.0: Highlights and Insights, in: International Law Journal 2018, S. 735–778 (S. 741–744); https://www.law.georgetown.edu/international-law-journal/wp-content/uploads/sites/21/2018/05/48-3-The-Tallinn-Manual-2.0.pdf.

221 https://legal.un.org/repertory/art51.shtml.

222 Schmitt (Hrsg.), Tallinn Manual 2.0, 2017, S. 339, Regel 71.

223 Stefanie Schmahl, Computernetzwerkoperationen im Völkerrecht, in: Rogg/Scheidt/v. Schubert (Hrsg.), Ethische Herausforderungen digitalen Wandels in bewaffneten Konflikten, S. 87 ff. (91–92), https://gids-hamburg.de/wp-content/uploads/2020/02/EBook-Ethische-Herausforderungen-digitalen-Wandels-in-bewaffneten-Konflikten.pdf.

224 Schmitt (Hrsg.), Tallinn Manual 2.0, 2017, S. 341, Erläuterung Nr. 7 zu Regel 71.

225 Schmitt (Hrsg.), Tallinn Manual 2.0, 2017, S. 342, Erläuterung Nr. 10 zu Regel 71.

226 Stefanie Schmahl, Computernetzwerkoperationen im Völkerrecht, in: Rogg/Scheidt/v. Schubert (Hrsg.), Ethische Herausforderungen digitalen Wandels in bewaffneten Konflikten, S. 87 ff. (92), https://gids-hamburg.de/wp-content/uploads/2020/02/EBook-Ethische-Herausforderungen-digitalen-Wandels-in-bewaffneten-Konflikten.pdf.

227 Andy Greenberg, The Untold Story of NotPetya, the Most Devastating Cyberattack in History, 2018, https://www.wired.com/story/notpetya-cyberattack-ukraine-russia-code-crashed-the-world/.

228 Schmitt (Hrsg.), Tallinn Manual 2.0, 2017, S. 348–350, Erläuterungen Nr. 1–6 zu Regel 72.

229 Schmitt (Hrsg.), Tallinn Manual 2.0, 2017, S. 348, Regel 72 und S. 347–348, Erläuterungen Nr. 25, 26 zu Regel 71.

230 Christian Pawlik, Denkanstöße zur ethischen Betrachtung von Cyber-Operationen, in: Rogg/Scheidt/v. Schubert (Hrsg.), Ethische Herausforderungen digitalen Wandels in bewaffneten Konflikten, S. 129 ff. (134), https://gids-hamburg.de/wp-content/uploads/2020/02/EBook-Ethische-Herausforderungen-digitalen-Wandels-in-bewaffneten-Konflikten.pdf.

231 Stefan Oeter, Plädoyer für die Normierung roter Linien des nicht mehr Hinnehmbaren, in: Rogg/Scheidt/v. Schubert (Hrsg.), Ethische Herausforderungen digitalen Wandels in bewaffneten Konflikten, S. 97 ff. (106), https://gids-hamburg.de/wp-content/uploads/2020/02/EBook-Ethische-Herausforderungen-digitalen-Wandels-in-bewaffneten-Konflikten.pdf.

232 Stefan Oeter, Plädoyer für die Normierung roter Linien des nicht mehr Hinnehmbaren, in: Rogg/Scheidt/v. Schubert (Hrsg.), Ethische Herausforderungen digitalen Wandels in bewaffneten Konflikten, S. 97 ff. (106), https://gids-hamburg.de/wp-content/uploads/2020/02/EBook-Ethische-Herausforderungen-digitalen-Wandels-in-bewaffneten-Konflikten.pdf.

233 Stefanie Schmahl, Computernetzwerkoperationen im Völkerrecht, in: Rogg/Scheidt/v. Schubert (Hrsg.), Ethische Herausforderungen digitalen Wandels in bewaffneten Konflikten, S. 87 ff. (92), https://gids-hamburg.de/wp-content/uploads/2020/02/EBook-Ethische-Herausforderungen-digitalen-Wandels-in-bewaffneten-Konflikten.pdf.

234 Schmitt (Hrsg.), Tallinn Manual 2.0, 2017, S. 30 ff. und S. 47 ff.

235 Eric Talbot Jensen, The Tallinn Manual 2.0: Highlights and Insights, in: International Law Journal 2018, S. 735–778 (S. 744–745); https://www.law.georgetown.edu/international-law-journal/wp-content/uploads/sites/21/2018/05/48-3-The-Tallinn-Manual-2.0.pdf.

236 Stefan Oeter, Plädoyer für die Normierung roter Linien des nicht mehr Hinnehmbaren, in: Rogg/Scheidt/v. Schubert (Hrsg.), Ethische Herausforderungen digitalen Wandels in bewaffneten Konflikten, S. 97 ff. (106), https://gids-hamburg.de/wp-content/uploads/2020/02/EBook-Ethische-Herausforderungen-digitalen-Wandels-in-bewaffneten-Konflikten.pdf.

237 Knapp und eingängig hierzu: Arthur Kaufmann, Grundprobleme der Rechtsphilosophie, München 1994, S. 192–198.

238 Berndt Brehmer, The Dynamic OODA Loop: Amalgamating Boyd's OODA Loop and the Cybernetic Approach to Command and Control ASSESSMENT, 2005, http://www.dodccrp.org/events/10th_ICCRTS/CD/papers/365.pdf.

239 Paul Scharre, Army of None, Autonomous Weapons and the Future of War, New York 2018, S. 273.

240 https://www.english-heritage.org.uk/learn/1066-and-the-norman-conquest/what-happened-battle-hastings/.

241 https://www.welt.de/geschichte/article191378491/Genozid-in-Ruanda-1994-37-9-Prozent-wurden-mit-Macheten-getoetet.html.

242 Ausführlich dazu Paul Scharre, Army of None, Autonomous Weapons and the Future of War, New York 2018, S. 287–289.

243 https://www.bbc.com/news/world-europe-24280831.

244 https://www.bmvg.de/de/aktuelles/auftakt-drohnen-debatte-diskussion-im-bmvg-256010 (siehe unter „Das offene Cockpit").

245 Moritz Michels, Der Einsatz von Kampfdrohnen: Psychologische Auswirkungen, 2017, S. 4, https://ifsh.de/file-IFAR/pdf_deutsch/IFAR2-FactSheet9.pdf.

246 Lisa K. Richardson / B. Christopher Frueh / Ronald Acierno, Prevalence Estimates of Combat-Related PTSD: A Critical Review, https://www.ncbi.nlm.nih.gov/pmc/articles/PMC2891773/.

247 Adam Henschke, Modern soldiers can kill a target on computer, then head home for dinner – and it's giving them „moral injury", https://www.abc.net.au/news/2019-09-29/unmanned-combat-drone-pilots-moral-injury-warfare-dissonance/11554058.

248 Moritz Michels, Der Einsatz von Kampfdrohnen: Psychologische Auswirkungen, 2017, S. 3, https://ifsh.de/file-IFAR/pdf_deutsch/IFAR2-FactSheet9.pdf.

249 Philipp von Wussow, Thesen zur Cyberethik, in: Rogg/Scheidt/v. Schubert (Hrsg.), Ethische Herausforderungen digitalen Wandels in bewaffneten Konflikten, S. 113 ff. (114), https://gids-hamburg.de/wp-content/uploads/2020/02/EBook-Ethische-Herausforderungen-digitalen-Wandels-in-bewaffneten-Konflikten.pdf.

250 Stefan Oeter, Plädoyer für die Normierung roter Linien des nicht mehr Hinnehm-baren, in: Rogg/Scheidt/v. Schubert (Hrsg.), Ethische Herausforderungen digitalen Wandels in bewaffneten Konflikten, S. 97 ff. (110), https://gids-hamburg.de/wp-content/uploads/2020/02/EBook-Ethische-Herausforderungen-digitalen-Wandels-in-bewaffneten-Konflikten.pdf.

251 Philipp von Wussow, Thesen zur Cyberethik, in: Rogg/Scheidt/v. Schubert (Hrsg.), Ethische Herausforderungen digitalen Wandels in bewaffneten Konflikten, S. 113 ff. (114), https://gids-hamburg.de/wp-content/uploads/2020/02/EBook-Ethische-Herausforderungen-digitalen-Wandels-in-bewaffneten-Konflikten.pdf.

252 Jukka Savolainen, Hybrid threats and vulnerabilities of modern critical infra-structures, S. 9 und S. 12–17, https://www.hybridcoe.fi/wp-content/uploads/2019/11/NEW_Working-paper_WMDivers_2019_rgb.pdf.

253 Stefan Oeter, Plädoyer für die Normierung roter Linien des nicht mehr Hinnehm-baren, in: Rogg/Scheidt/v. Schubert (Hrsg.), Ethische Herausforderungen digitalen Wandels in bewaffneten Konflikten, S. 97 ff. (107), https://gids-hamburg.de/wp-content/uploads/2020/02/EBook-Ethische-Herausforderungen-digitalen-Wandels-in-bewaffneten-Konflikten.pdf.

254 Philipp von Wussow, Thesen zur Cyberethik, in: Rogg/Scheidt/v. Schubert (Hrsg.), Ethische Herausforderungen digitalen Wandels in bewaffneten

Konflikten, S. 113 ff. (117), https://gids-hamburg.de/wp-content/up-loads/2020/02/EBook-Ethische-Herausforderungen-digitalen-Wandels-in-bewaffneten-Konflikten.pdf.

© 2020 by Mittler
Im Maximilian Verlag GmbH & Co. KG
Ein Unternehmen der **TAMM**MEDIA
Alle Rechte vorbehalten.

ISBN 978-3-8132-1103-0

Ein Gesamtverzeichnis der lieferbaren Titel schicken
wir Ihnen gerne zu. Bitte senden Sie eine E-Mail
mit Ihrer Adresse an vertrieb@koehler-books.de
Sie finden uns auch im Internet unter
www.mittler-books.de

Bibliografische Information der Deutschen Nationalbibliothek
Die Deutsche Nationalbibliothek verzeichnet
diese Publikation in der Deutschen Nationalbibliografie;
detaillierte bibliografische Daten sind im Internet
über https://portal.dnb.de/ abrufbar.

Printed in Germany